高技能人才培养创新示范教材

Lunshi Zhuangzaiji Caozuo yu Weihu

轮式装载机操作与维护

主　编　秦　冰　周才景
主　审　李庭斌

人民交通出版社股份有限公司
China Communications Press Co. Ltd.

内 容 提 要

本书是高技能人才培养创新示范教材，主要内容包括：概述；装载机的构造及工作原理；装载机的安全操作技术；装载机的合理铲装方法；装载机的维护及检修技术；装载机主要组成部件的维护。

本书可作为中职院校工程机械类专业课程的教材，也可作为工程机械类高技能人才的培养用书，还可供相关技术与管理人员参考使用。

图书在版编目(CIP)数据

轮式装载机操作与维护 / 秦冰，周才景主编. —北京：人民交通出版社股份有限公司，2018.1

高技能人才培养创新示范教材

ISBN 978-7-114-14272-7

Ⅰ.①轮… Ⅱ.①秦… ②周… Ⅲ.①轮胎式装载机—操作—教材 ②轮胎式装载机—维护—教材 Ⅳ.①TH243

中国版本图书馆 CIP 数据核字(2017)第 255900 号

书　　名：轮式装载机操作与维护
著 作 者：秦　冰　周才景
责任编辑：戴慧莉
出版发行：人民交通出版社股份有限公司
地　　址：(100011)北京市朝阳区安定门外外馆斜街 3 号
网　　址：http://www.ccpress.com.cn
销售电话：(010)59757973
总 经 销：人民交通出版社股份有限公司发行部
经　　销：各地新华书店
印　　刷：北京市密东印刷有限公司
开　　本：787 × 1092　1/16
印　　张：8.25
字　　数：189 千
版　　次：2018 年 1 月　第 1 版
印　　次：2018 年 1 月　第 1 次印刷
书　　号：ISBN 978-7-114-14272-7
定　　价：22.00 元

前言

为贯彻落实《国家中长期教育改革和发展规划纲要(2010－2020年)》精神,按照《国家高技能人才振兴计划》的要求,深化职业教育教学改革,积极推进课程改革和教材建设,满足职业教育发展的新需求,着重高技能人才的培养,依据公路工程机械运用与维修、工程机械技术服务与营销和工程机械施工与管理三大专业的教学计划和课程标准,我们组织行业专家及各校一线教师编写了这套补充教材。

本套教材适用于公路工程机械类专业高级工和技师层次全日制学生培养及社会在职人员培训,具有以下特点:

(1)本套教材开发基于实际工作岗位,通过提炼典型工作任务,形成专业课程框架、教学计划及课程标准,切合职业教育教学的特点,符合培养技能型人才成长的规律。

(2)本套教材在编写模式上部分实践性较强的课程采用了任务引领型模式进行编写,有利于任务驱动式教学方法的使用,便于培养学生自我学习、收集信息、解决问题等方面的核心能力。

(3)本套教材在内容选取方面多数课程打破了传统教材学科知识体系的结构,但也考虑了知识和技能的连贯性和整体性,同时也保持了知识和技能选取的先进性、科学性和实用性。

《轮式装载机操作与维护》是公路工程机械运用与维修、工程机械施工与管理两个专业的专业课程。本书主要介绍了轮胎式装载机的构造与工作原理、基本操作、安全操作技术、铲装方法、维护、故障排除方法等知识。从工程施工需要出发,注重培养学生的实际操作能力,以及在施工现场分析和解决问题的能力。在编写中文字力求通俗易懂,图文并茂,突出了理论与实践的结合。体现了科学性和实用性。

本书由浙江公路技师学院秦冰、周才景担任主编,由浙江公路技师学院李庭斌担任主审。具体编写情况如下:第一章由李贤慧编写,第二章、第六章由秦冰编写,第三章、第四章由周才景编写、第五章由龚明华编写。在编写过程中得到了徐工集团、三一重工、厦工、柳工等工程机械厂商及专家的支持与帮助,在此表示感谢。

由于编审人员的业务水平和教学经验有限,书中难免有不妥之处,恳切希望使用本书的教师和读者批评指正。

编　者
2017 年 7 月

目 录
Contents

第一章 概　　述

学习目标

1. 能描述轮胎式装载机的优缺点；
2. 能描述装载机的型号编制方法及含义
3. 能简述装载机技术参数的作用。

第一节　装载机的发展及使用

一、装载机的发展

世界上第一台装载机产于1929年，如图1-1所示。它是用拖拉机底盘改装的，发动机前置，前轮小，后轮大，单桥前桥驱动，前轮转向，门架式工作装置，钢丝绳提臂翻斗装卸机具，斗容量0.753m^3，载重量680kg，牵引力小，铲斗切入力小，作业速度较低。

1947年，美国克拉克公司通过改进，用液压连杆机构取代了门架式结构，采用专用底盘，制造出了新一代轮胎式装载机，如图1-2所示。第一代装载机具备了现代装载机的外形，提高了提升速度、卸载高度、掘起力和切入力，因而可用于铲装松散的土方和石方，这是装载机发展过程中第一次重大技术突破。

图1-1　第一台装载机

图1-2　新一代装载机

1951年，美国开始采用液力机械传动技术，同时车架结构采用三点支承，发动机后置,提高了车辆的越野性和牵引性(图1-3)。20世纪50年代中期,是传动系统发展的关键性的10年,形成了柴油机—液力变矩器—动力换挡变速器——双桥驱动的传动结构,这是装载机的第二次重大技术突破,提高了整机的传动效率、牵引性和使用效率及寿命,这个时期开始形成了系列化、专业化的生产。

20世纪60年代,装载机制造开始弃用刚性车架,转而采用铰接式车架技术,铲斗随前车架转向,这是装载机发展过程中的第三次重大技术突破(图1-4)。车架中间铰接,分为前后两部分,前车架铰接转向,可满足原地转向;与刚性车架比,一个作业循环内平均行驶路程减少50%以上,生产效率提高50%;转弯半径小,机动灵活,适用于狭窄场地作业。这与现代装载机结构相同。

20世纪70~80年代,这个时期装载机的结构朝向安全、操纵省力、维修方便、减少污染、舒适等方面发展(图1-5)。20世纪末,装载机主要在环保、安全、简化操作等方面发展,而不是追求单机效率,进入电子化时期。

图1-3　第二次重大技术突破的装载机

图1-4　第三次重大技术突破的装载机

图1-5　现代装载机

二、轮胎式装载机的优缺点

长期以来,在露天工作场所,一般采用单斗挖掘机进行采装作业,但是20世纪60年代出现了斗容3.8~4.6m^3的轮胎式装载机后,在一定的条件下,它代替了斗容1.9~4.2m^3的单斗挖掘机。特别是近年来,随着大型装载机的出现,并在国内外一些矿山逐步使用,有用装载机代替单斗挖掘机的趋势。

1.轮胎式装载机的优点

(1)根据有关资料,在一定的矿山条件下,用斗容3.0~7.64m^3的轮胎式装载机装载矿石的成本,比用斗容1.9~3.82m^3的单斗挖掘机装载时降低18%~50%。在基本投资几乎少一半的情况下,生产效率提高了50% ~150%。

(2)轮胎式装载机行走速度快、机动、灵活。装载机的行驶速度一般为单斗挖掘机的30 ~90倍,由于轮胎式装载机的行走速度快,使得它不仅可以作为采装机械,还可以在一定的距离内(1.3km)作为运输设备。

(3)在开采多品种矿石时,为了分别采回不同的矿物,常常需要很多台挖掘机同时工作,使用效率低。由于轮胎式装载机行走速度快,可在几个工作面工作,因此,用一台装载机可以完成几台挖掘机的工作,大大减少了露天矿的设备投资。

(4)轮胎式装载机可爬20°左右的坡度,因此,可在较大坡度的工作面进行装运工作。

(5)装载机还可以装置各种可更换的工作机构,完成露天矿的辅助作业,如清理工作面、清道、筑路、排土、运输重型部件的材料及清除积雪等。

(6)装载机的折旧年限是挖掘机的1/3 ~1/4,装载机工作5 ~6年,就可以用新的、比较先进的设备来代替它们。装载机与单斗挖掘机的工作寿命比较,见表1-1。

装载机与单斗挖掘机的工作寿命比较 表1-1

名 称	斗 容 (m^3)	工作寿命(h)
挖掘机	<1.5	14000
	1.5 ~3.5	22000
	>3.5	30000
装载机	<10	12000
	>10	16000

2.轮胎式装载机的缺点

(1)在物料尺寸较大时,装载机的工作效率将有所降低。

(2)由于安全条件的限制,装载机工作机构的尺寸不能太大。

(3)轮胎式装载机在露天工作面工作时,其轮胎磨损较快,寿命不长。

第二节 装载机的用途及分类

一、装载机的用途

装载机是一种具有较高作业效率的工程机械。主要用于对松散的堆积物料进行铲、装、运、挖等作业,也可以用来整理、刮平场地以及进行牵引作业;换装相应的工作装置后,还可以进行挖土、起重以及装卸棒料等作业。广泛应用于城建、矿山、铁路、公路、水电、油田、国防以及机场建设等工程施工中,对加速工程进度、保证工程质量、改善劳动条件、提高工作效率以及降低施工成本等都具有极为重要的作用。

二、装载机的分类

1.按发动机功率分

(1)发动机功率小于74kW(100hp),为小型装载机。

(2)发动机功率74 ~147kW(100 ~200hp),为中型装载机。

(3)发动机功率147～515kW(200～700hp),为大型装载机。

(4)发动机功率大于515kW(>700hp),为特大型装载机。

2.按行走机构分

按行走机构,装载机可分为轮胎式和履带式两种,如图1-6、图1-7所示。

轮胎式装载机是以轮胎式专用底盘为基础,配置工作装置及其操纵系统而构成的。履带式装载机是以专用履带底盘或工作拖拉机为基础,装上工作装置及操纵系统而构成的。轮胎式装载机的优点是质量小、速度快、机动灵活、效率高、行走时不破坏路面。特别是在工程量不大、作业点不集中、转移较频繁的情况下,生产率高于履带式装载机,在工程及农田基本建设中被广泛使用。

图1-6　轮胎式装载机

图1-7　履带式装载机

3.按车架结构形式及转向方式分

按车架结构形式及转向方式,装载机可分为铰接车架折腰转向和整体车架偏转车轮转向两种。

4.按卸载方式分

按卸载方式,装载机可分为前卸式(装载机在其前端铲装与卸载)和回转式(装载机的动臂安装在转台上,工作时铲斗在前端铲装,卸载时转台可相对车架转过一定的角度)两种,如图1-8、图1-9所示。

图1-8　前卸式装载机

图1-9　回转式装载机

三、装载机命名规则

1.国内装载机命名规则

国内装载机命名规则和国外企业有点儿差别。国内装载机产品型号的编制原则和方法参照标准《土方机械产品型号编制方法》(JB/T 9725—2014),产品型号由制造商代码、产品类型代码、主参数代码、变型(或更新)代码等组成,以简明易懂、同类产品间无重复型号为基本原则(图 1-10)。

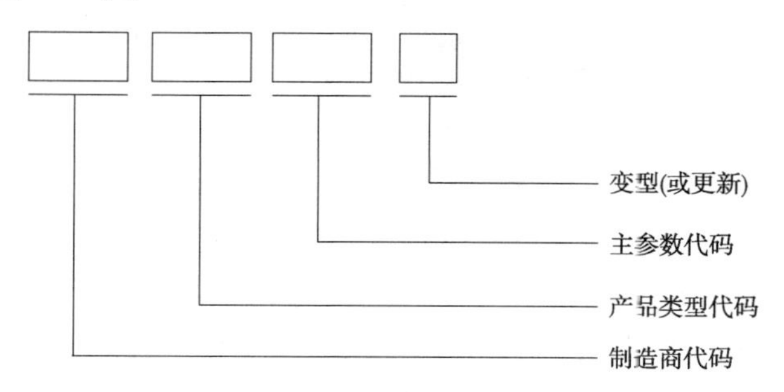

图 1-10 产品型号编制方法

制造商代码由企业自定;产品类型代码可由产品类别和型式分类的代码组成,代码由阿拉伯数字 0 ~9、大写英文字母 A ~ Z 或其组合构成;主参数代码由阿拉伯数字 0 ~9 组成;变型(或更新)代码由阿拉伯数字 0 ~9、大写英文字母 A ~ Z 或其组合构成,用于制造商规定产品更新、变形或改进等信息。

如柳工装载机的主要型号按工作装置和额定工作载荷及变型字母来表示,Z 表示装载机,L 表示轮胎式,C 表示侧卸,G 表示高原型,如 ZL50G 表示额定斗载重量为 5t 的轮式装载机,数字后面的 A、B、…、G 表示装载机的型号和技术级别,一般情况下,字母位置越靠后表示该装载机的技术水平越高。

现在柳工已开始使用新的产品编号,如柳工 CLG855 装载机,CLG 表示中国柳工,8 表示装载机,第一个 5 表示 5t,第二个 5 表示第 5 次变型产品。

山推装载机的产品型号,如图 1-11 所示。

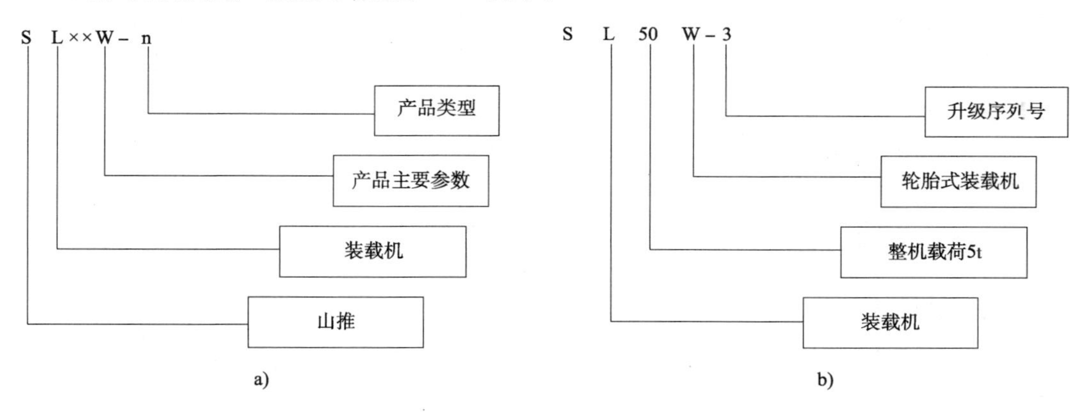

图 1-11 山推装载机的产品型号

2. 国外装载机命名规则

(1)卡特彼勒公司产品。

卡特彼勒公司生产的全系列装载机,在“900”数字序列下命名,卡特彼勒装载机的命名规则:第一个 9 是装载机的意思,其余两位数遵循数字越大,产品的装载能力越大,但有一个例外——CAT993,卡特彼勒装载机的第三个数字遵循奇偶规律,奇数代表履带装载机,偶数代表轮胎式装载机。

卡特彼勒装载机有以下规律:采用以数字“9”开头的3位“数字”+1位“英文字母”+1位“罗马数字”的编号方法,有微型、小型、中型、大型、物块处理型等机型系列,共计20余种产品。其中,最小的“90”“91”微型系列,包括906、907、908和914;小型系列装载机的型号以“92”“93”开头;以“93”~“98”开头的为中型系列产品;大型系列产品以“99”开头,主要用于大型露天矿山与采石场的装载作业;综合多用机系列以字母“IT”开头。

(2)小松公司产品。

小松公司的装载机产品型号遵循如下规则:其产品编号的基本公式为,字母“WA”+2~4位“数字”+“—”+1位“数字”。其中,开头字母“WA”的含义“轮胎式铰接(Wheel Articulated)”,中间2~4位“数字”表示产品规格,数字越大,产品的装载能力越大,目前从最小的50到最大的1200,最后1位数字代表产品更新的代,如WA900-6,目前其装载机产品已全面进入6代。

(3)几种常见的国外装载机命名规则。

①以1~3个“大写英文字母”(特别是大写字母“L”)+2位或3位“数字”组成。主要代表商有沃尔沃(如L220E)、利勃海尔(如L540)、莱图尔诺(如L-1850)等。其中,字母“L”可以理解为“装载机(Loader)”。

②对于一些特殊用途的装载机,常在其基本型的型号后面加上相应的英文(缩写)字母。如高卸型,加HL(High Lift);物料处理型,加MH(Matral Handler);垃圾处理型,加“WH”“WHA”;夹木型,加LOG。

③为突出一机多用的工作装置特点,常在基本型的型号前或后面加上相应的英文缩写字母。型号中若有字母“Z”,则表示工作装置为“Z形”连杆结构(如杰西博公司的426ZX等);型号中若有诸如“TC”“XT”“IT”“PT”等字样,则表示为可加装不同工作装置的综合多用机型(Tool Carrier);型号中若有“HT”字样,则表示工作装置为四杆结构;型号中若有“XR”字样,表示工作装置为伸展型(Extended-Reach),即加长卸载距离型。

第三节　装载机的结构和主要技术参数

一、装载机的结构

1.装载机的基本结构

装载机一般由车架、工作装置、动力系统、传动系统、制动系统、液压系统、电子与电控系统、车身系统等部分组成。各种不同类型的装载机都有一个典型的结构示意图。现以比较先进的轮胎式装载机为例,它的基本结构如图1-12所示。

动力从柴油发动机传递到液力变矩器,再传递到变速器,通过万向联轴器,动力分别传递到前、后桥,驱动车轮行走。工作机构是由油泵、动臂、铲斗、杠杆系统、动臂油缸和转斗油缸等组成。

2.可更换的工作机构

为了完成各种形式的工作,装载机配备了各种可更换的工作机构。如翻倒式铲斗、万能双颚式铲斗、侧卸式铲斗、万能推土板、颚式抓斗、超重吊钩及伸缩式缓冲器等。这些工作机构是为了在困难的条件下,完成一些特殊的工作,如图1-13所示。

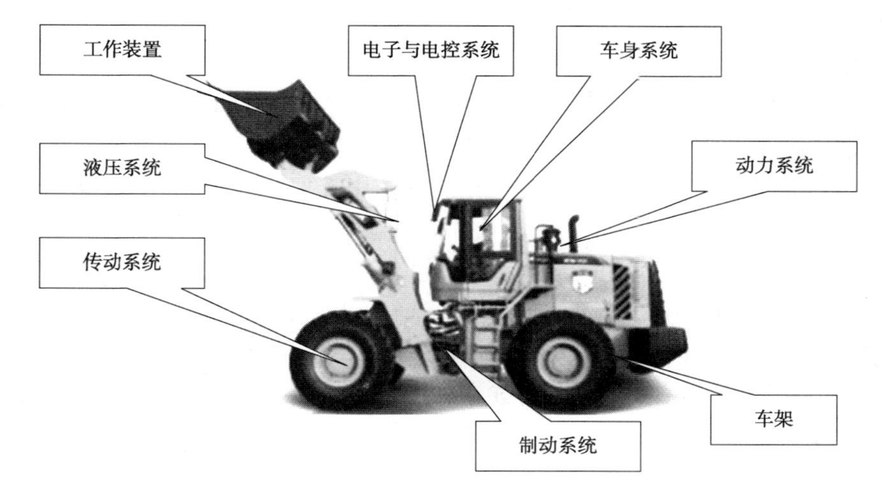

图1-12 轮式装载机总体结构图

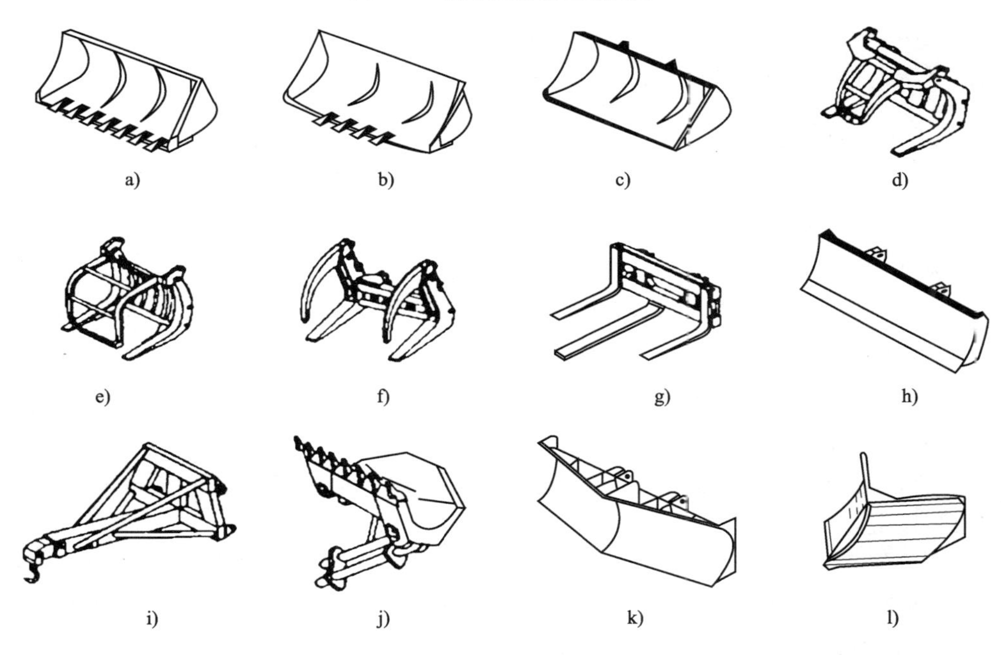

图1-13 装载机可更换机构

a)通用铲斗;b)V形铲斗;c)直边无齿铲斗;d)通用抓具;e)大容量圆木抓具;f)圆木抓具;g)叉架;h)推土板;i)吊臂;j)侧卸铲斗;k)V形推雪犁;l)V形开路犁

(1)颚式抓斗。

颚式抓斗由两个金属颚组成,其中一个在油缸的作用下完成提升和转动。几乎所有规格的装载机,其可换工作机构中都包括颚式抓斗。

(2)翻倒式铲斗。

翻倒式铲斗是装载机主要工作机构,它是一个刚性体结构,铲斗前刃根据铲掘土岩的种类不同而异。在细料里工作时，斗刃是直线形或V形；在坚硬的岩石里工作时，采用带有锐齿、加强底板和前部斗刃的铲斗。斗刃由锰钢制成，它与后壁之间，一般呈55°~65°角。正常铲斗一般比装载机机体稍宽，以保护行走机构。

(3)双颚式铲斗。

双颚式铲斗是一种万能的工作机构，它的特点是可以完成四种作业：装载、推土、平土和抓岩，后两种是辅助性的。

双颚式铲斗由两个颚组成，其中一个在油缸作用下提升和转动。这种铲斗主要安装在履带式装载机上。

(4)侧卸式铲斗。

侧卸式铲斗可以缩短装载机的调车时间（调整车辆，使铲斗内物体能卸载在指定地点所耗费的时间），使生产能力提高10%~20%，同时减轻了装载机零部件的磨损。

侧卸式铲斗用中间支架安装，在油缸作用下绕铰链转动。限制其广泛使用的主要缺点是：铲掘时，作用在铲斗的负荷不平衡，增加了制造和安装成本。此类铲斗斗容一般不大于$2m^3$。

(5)起重吊。

起重吊是在装载机动臂端部安装吊钩而成。由于起重吊结构简单，并且在露天矿工作时需求较大，因此，很多装载机的可更换工作机构中都包括它。

二、装载机的主要技术参数

表明装载机性能的主要技术规格有：发动机功率、额定工作载荷、牵引力、插入力、铲取力、铲斗卸载高度、卸载距离、铲斗在卸载时的倾卸角、铲斗仰后角等。

1.发动机功率

装载机的发动机功率分为发动机有效功率和发动机总功率。

发动机有效功率是指在29℃及746mm水银柱压力下，除去供给风扇、交流发电机、压缩机、空气滤清器等辅助设备和燃料泵、润滑油泵等发动机标准附件外，在发动机飞轮上的实有功率，一般也称为飞轮马力。

发动机总功率P为发动机有效功率加上各种辅助设备所需功率而成，也称为车辆总功率或装载机总功率。

国产柴油机一般仅标明发动机总功率值，因此，国产装载机所标明的发动机额定功率（或最大功率），均指发动机总功率值。如需确定飞轮上的实有功率，一般可乘以一个0.9~0.95的系数。国外装载机一般除标明总功率外，还标有发动机有效功率。在装载机的设计计算中，要经常要用到发动机有效功率。

2.额定工作载荷

装载机的额定工作载荷表示在保证装载机所需要的稳定性时，它的最大载重能力。装载机在不行走时铲掘的额定工作载荷与装载机行走时铲掘的额定工作载荷是不同的，前者一般是后者的2~2.5倍。

装载机的额定工作载荷又称为操作载荷。按照现在通用的美国汽车工程师学会(SAE)标准，装载机的额定工作载荷，应在满足下列条件下，不超过重载铲斗在铲斗最大卸载距离时，其铲斗载荷中心所产生的翻倒载荷的50%（轮胎式装载机）或35%（履带式装载机）。

条件：

（1）装载机装备了一定规格的铲斗。

（2）装载机最大行速不超过6.4km/h。

（3）装载机在硬的、光滑的、水平地面上工作。

由于履带式装载机一般不在硬的、光滑的地面上工作，故SAE标准规定它的额定工作载荷一般不超过翻倒载荷的35%。

所谓翻倒载荷，是指在下述条件下，使装载机后轮离开地面，而绕着前轮与地面的接触点向前翻倒时，在铲斗载荷中心的最小质量。

条件：

（1）装载机在硬的水平地面上不行走。

（2）装载机带有标准的操作重量。

（3）铲斗仰后（上转）到装满位置。

（4）在动臂举升过程中铲斗处于最大卸载距离时。

对于铰接式装载机，在技术规格里除了标明在直线位置时的翻倒载荷外，还标明了它的前车架相对于后车架最大回转角时的翻倒载荷值。它比在直线位置的翻倒载荷要小。

3. 牵引力

装载机的牵引力是装载机驱动轮轮缘上，由装载机行走机构所产生的驱动车轮前进的作用力。它的最大值被装载机的黏着质量所限制。装载机的黏着质量越大，则可能达到的最大牵引力也越大。

4. 插入力

插入力是装载机铲掘物料时，在铲斗斗刃（斗尖）上产生的插入料堆的作用力。对于用装载机行走来进行插入的装载机，其插入力取决于牵引力，牵引力越大，则插入力也越大。当装载机在平地上匀速运动并且不考虑空气阻力时，插入力等于装载机的牵引力减去滚动阻力。对于在装载机停止前进运动，用油缸进行插入的装载机，其插入力取决于完成插入作用的油缸推力。

单位斗刃插入力是指在装载机铲斗在10mm斗刃长度上，所产生的插入料堆的作用力。现代化大型履带式装载机和特大型轮胎式装载机，其单位斗刃插入力达10～12MPa。

5. 铲取力

装载机的铲取力是指在一定的条件下，当铲斗绕着某个规定的铰接点回转时，作用在距铲斗斗刃刃部（斗尖）一定距离处的垂直向上的力，它决定了铲斗绕着这个规定的铰接点回转时的动臂举升（当铲斗绕着动臂与支架的铰接点回转时）或（和）铲斗翻转（当铲斗绕着铲斗与动臂的铰接点回转时）能力。

按照现在通用的SAE标准，装载机的铲取力，是指在下述条件下，当铲斗绕着某一规定的铰接点回转时，作用在铲斗斗尖后面101.6mm处最大的垂直向上的力。

条件：

（1）装载机在硬的、水平地面上不行走。

(2)装载机装备了标准的操作质量。

(3)铲斗斗刃的底部平放在地面上,它在地面上下的偏差不超过25.4mm。

对于斗刃刃部形状不是直线形的铲斗(如V形铲斗),所指的斗尖系指斗刃的最前面一点的位置。如果在举升或转斗的过程中,引起装载机后轮离开地面所需的力,就相当于装载机的铲取力。

6.铲斗卸载高度

装载机的铲斗卸载高度是表示装载机把物料卸载到运输工具上时,在铲斗倾卸角为45°时,铲斗斗尖离地高度。在装载机的技术规格中,一般标出最大卸载高度值 H_p,如图1-14所示。装载机的最大卸载高度 H_p,是指动臂在最大举升高度和铲斗倾卸角为45°时的卸载高度,它一般随着装载量和装载机自重的增加而增加。

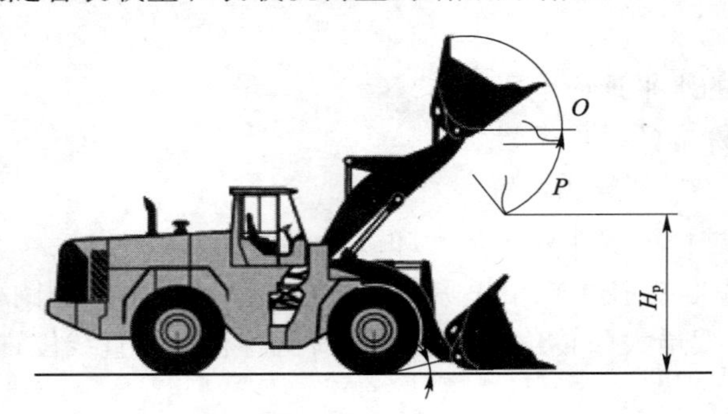

图1-14 装载机的主要技术规格

7.卸载距离

装载机的卸载距离表示装载机卸载时,当铲斗倾卸角为45°时,斗尖与装载机前面外廓部分之间的距离。一般来说,装载机的前面外廓部分,对于轮胎式装载机是指前轮轮胎,对于履带式装载机是指散热器罩。

在装载机的技术规格中,一般标出下面两个卸载距离值:在最大卸载高度时的卸载距离、最大卸载距离。

8.倾卸角

装载机的倾卸角指在卸载时,铲斗斗底与水平线之间的夹角,一般为45°~60°,通常取50°。

9.铲斗仰后角

装载机的铲斗仰后角指铲斗在地面位置装满后,其斗底与水平线之间的夹角。

第二章　装载机的构造及工作原理

学习目标

1. 能正确描述装载机的结构组成；
2. 能讲述装载机各组成部分的工作原理。

装载机的动力系统由柴油机及水箱组成。柴油机为装载机的行走、作业提供动力，保证其正常行驶和工作，又被称为装载机的“心脏”，它的性能好坏直接影响装载机的性能与可靠性。其构造及工作原理在柴油机的相关教材中有相应详细说明，这里不再进行介绍。

第一节　传动系统的构造及工作原理

装载机动力装置和驱动轮之间所有传动部件称为传动系统，其功用是将动力装置的动力传递给驱动轮和其他操纵系统。主要由液力变矩器、变速器、传动轴、驱动桥和车轮组成，如图 2-1a）所示。传动路线，如图 2-1b）所示。

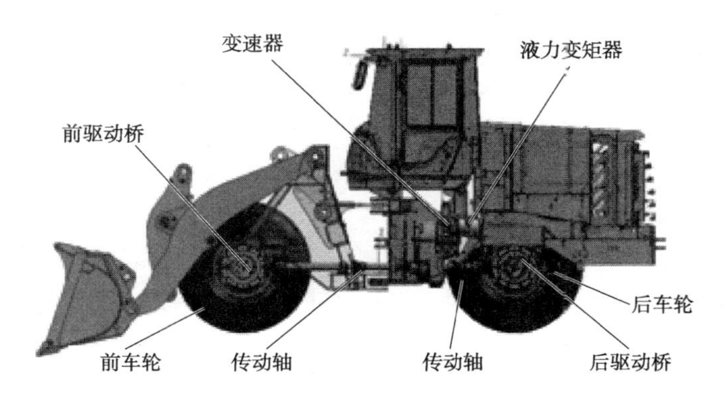

a)

图　2-1

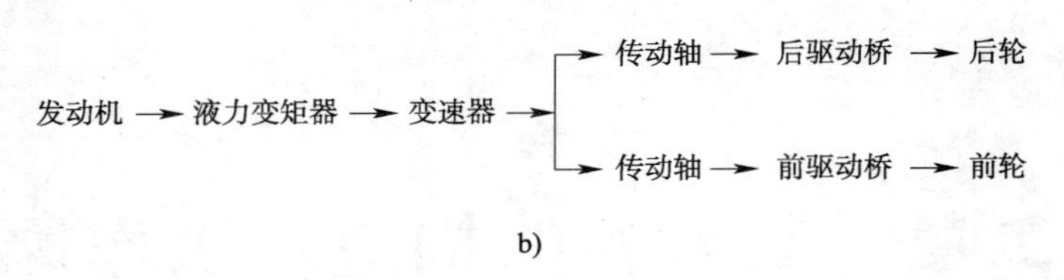

b)

图 2-1　装载机传动系统与路线

一、液力变矩器

目前使用的装载机，柴油机的转矩适应系数不能满足装载机经常过载及载荷频繁变化的要求，因此，为了解决这个问题，在柴油机后面安装一个液力变矩器，其能够改变发动机所供给的转矩，使其涡轮输出的转矩有可能提升发动机通过泵轮所输入转矩的若干倍，从而改善主机的性能。液力变矩器的优点，见表 2-1。

液力变矩器优点　　表 2-1

序　号	液力变矩器优点
1	使车辆具有自动适应性。液力变矩器具有自动变矩、变速特性。能根据外载负荷的大小变化，无级自动调整工作速度，适应作业要求。当外载荷增大时自动降低速度而增加牵引力，以克服增大了的外载荷；反之，当外载荷减小时自动减小牵引力而增加速度。这对于野外施工作业的工程机械是十分有益的
2	具有较长的使用寿命。液力传动的工作介质是液体，不仅能吸收并减少来自发动机和机械传动的振动，同时在一定程度上能完成各零部件润滑，从而提高机械的使用寿命。液力传动同机械传动相比较，发动机与齿轮变速器使用寿命延长 47%，差速器使用寿命延长 93%。这对于经常处于恶劣环境下工作的工程机械十分重要
3	具有很强的通过性能。液力传动有良好稳定的低速性能，可以提高机械在软路如泥泞地、沙地、雪地和其他非硬性土壤路面的通过性。这对于工程机械及军用车辆具有特殊的意义
4	具有很好的操作舒适性。液力变矩器本身就是一个无级自动变速器，可有效地减轻操作工的劳动强度，并易于实现操纵自动化和提高安全行驶能力。同时，由于其良好的自动适应性能和减振作用，可使机械重载起动，且起步平稳、加速均匀，提高机械操纵的舒适性

当然，液力传动与机械传动相比，也存在如下缺点与不足：

（1）液力传动系统的传动效率相对较低，经济性差。

（2）液力传动系统质量与体积较大，结构复杂，造价高。

1. 液力变矩器的结构

液力变矩器的结构与液力耦合器相似，只是液力变矩器循环圆内多加装了工作液导向装置——导轮，如图 2-2 所示。另外，为了保证液力变矩器具有一定的性能，使工作液在循环圆中很好地循环流动，各工作轮采用弯曲成一定形状的叶片，并且各工作轮带有内环。

装载机上使用的液力变矩器一般由泵轮、涡轮和导轮组成，即三元件液力变矩器。其基本结构如图 2-3 所示。

泵轮：泵轮与变矩器壳连成一体，并用螺钉固定在输入轴的凸缘上，内侧由许多曲面叶片组成，为主动件，可使叶片中的油液在离心力的作用下沿曲面向外流动，在叶片出口处射向涡轮叶片入口，完成机械能向流体动能的转变。

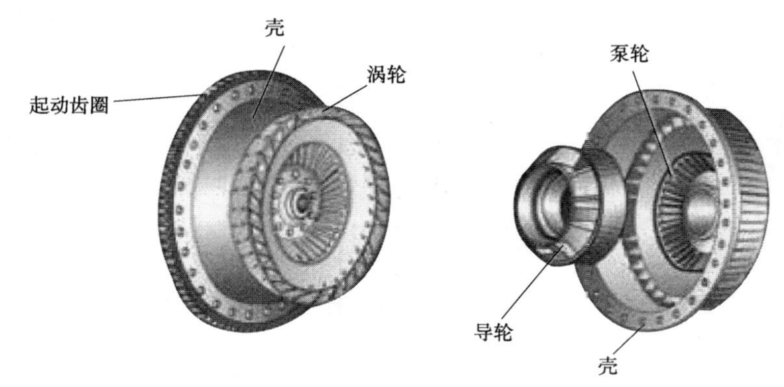

图 2-2　液力变矩器元件结构图

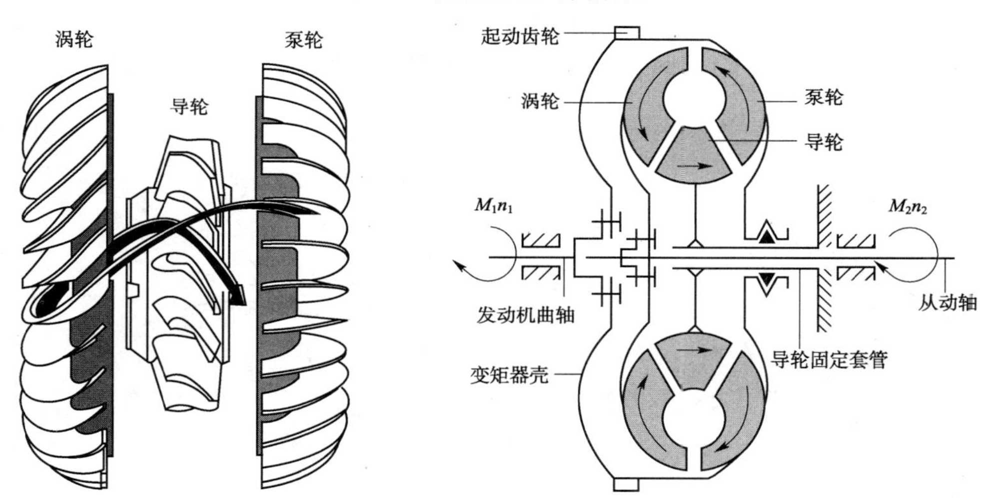

图 2-3　液力变矩器结构原理图

涡轮：涡轮通过输出轴与传动系统相连接，由许多曲面叶片组成，通过输出轴输出转矩，为从动件，可将液体的动能转换为输出轴的机械能。

导轮：导轮是一个固定不动的工作轮，通过导轮的固定座与变速器的壳体连接，由许多曲面叶片组成，从涡轮流出的油液经其油道改变方向后再流入泵轮，承受一反作用转矩。

循环圆：各工作轮（泵轮、涡轮、导轮）的内外环构成相互衔接的封闭空腔，形成工作液流的环流通道，工作液就在环流通道内循环流动，这个环流通道便是循环圆。为分析方便，通常用循环圆在轴面上的断面图来表示整个循环圆，如图 2-4 所示。循环圆表示了变矩器内各工作轮的相互位置和几何尺寸，说明了一个液力变矩器的几何特性，某一型号的液力变矩器一般就用它的循环圆来表示。

2. 液力变矩器的工作原理

液力变矩器工作时，泵轮、涡轮、导轮叶栅组成如图 2-4 所示的循环圆。将三元件液

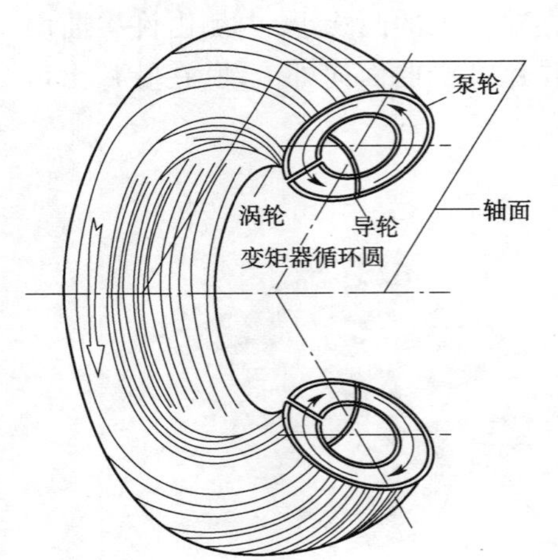

图 2-4　液力变矩器循环圆图

力变矩器沿着循环圆的截面展开布置，便形成了如图 2-5 所示的工作原理图。在液力变矩器的工作过程中，液流自泵轮冲向涡轮时使涡轮受一转矩，其大小与方向都和发动机传给泵轮的转矩 M_b 相同。液流自涡轮冲向导轮时也使导轮受一转矩，由于导轮是固定的，此时它便以一大小相等且方向相反的反作用转矩 M_d 作用于涡轮上。因此，涡轮所受的总转矩 M_w 为泵轮转矩 M_b 与导轮反作用转矩 M_d 的向量和，即

$$M_w = M_b + M_d$$

由此可知，液力变矩器可以起增大转矩的作用，这个增加的转矩就是导轮的反作用转矩 M_d。

液力变矩器不仅能传递转矩，而且能在泵轮转速和转矩不变的情况下，随着涡轮转速的不同而改变涡轮上的转矩数值，即涡轮上的转矩能随装载机行驶阻力的增加、涡轮转速的降低而自动地增加。

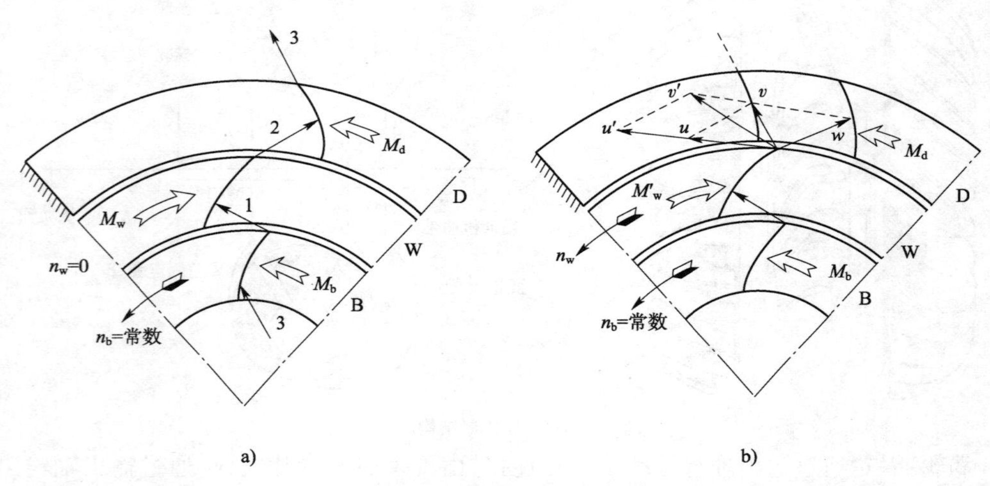

图 2-5　液力变矩器工作原理图

a）当 n_b = 常数，n_w = 0 时；b）当 n_b = 常数，n_w = 逐渐增加时

3. 变矩器的自适应性

工况Ⅰ（起步工况）：装载机起步前，涡轮是不动的。工作液体在泵轮叶片的带动下，以一定数值的绝对速度冲向涡轮叶片，因为涡轮叶片是静止不动的，此时，导轮所受的转矩值为最大，所以涡轮的转矩也为最大。

工况Ⅱ：装载机起步以后，涡轮转速也从零开始增加，导轮上所受转矩逐渐减小。涡轮的转矩将随负荷的减小、转速的增加而自动减小。

工况Ⅲ：随着涡轮转速的提高，当导轮转矩为零时，涡轮转矩与泵轮转矩相等。

工况Ⅳ：若涡轮转矩继续减小且涡轮转速继续提高时，当液流冲击在导轮叶片的背面，导轮转矩方向与泵轮转矩方向相反。此时，涡轮转矩 M_w 为泵轮转矩 M_b 与导轮转矩

M_d之差，变矩器的输出转矩小于输入转矩。

当涡轮转速增大到与泵轮转速相等时（如装载机下坡），工作液体在循环圆中的循环流动停止，变矩器不进行转矩的传递。

以上分析说明，涡轮轴的转矩主要与其转速有关，而涡轮转速又是随着阻转矩的改变而自动变化的。故当机械行驶阻力增加、行驶速度降低时，驱动转矩可以随之自动增大，以维持机械在某一较低的速度下稳定行驶。液力变矩器具有的这一性能对于行驶阻力变化较大的轮胎式机械非常适合，通常称为液力变矩器的自动适应性。

二、定轴式动力换挡变速器

装载机中广泛采用动力换挡变速器，它是装载机中一个十分重要的部件。动力换挡变速器与非动力换挡变速器的主要区别为动力换挡变速器采用了油缸操纵换挡离合器，一般不必预先切断动力，可以直接换挡。动力换挡变速器有行星式与定轴式两种。行星式变速器具有的优缺点见表2-2，而后者的优缺点恰恰与之相反。由于行星式动力换挡变速器维修困难，因此除了少数公司的装载机使用行星式液压动力换挡变速器外，很多公司的装载机都采用定轴式液压动力换挡变速器。

行星式变速器优缺点　　表2-2

行星式变速器优点	行星式变速器缺点
1. 结构紧凑，尺寸小（因力分散经几个齿轮传动，零件受力平衡，支撑轴承壳体受力小）； 2. 可以采用较小模数的齿轮和较小尺寸的轴与轴承； 3. 在结构上采用多盘制动器替代部分离合器，采用固定油缸和固定油封，尽量避免采用旋转密封和旋转油缸，从而提高动力换挡液压操纵系统的可靠性； 4. 制动器布置在传动系外周，尺寸大，工作容量大	结构复杂，零件多，制造维修困难

1. 变速器的功用及要求

变速器的功用，见表2-3。

变速器的功用　　表2-3

序号	变速器的功用
1	改变原动机与主驱动轮间传动比，从而改变车辆的牵引力和行驶速度，以适应车辆在作业与行驶工况中的不同需要
2	使车辆倒退行驶
3	当变速器挂空挡时，原动机传给驱动轮的动力被切断，以便原动机起动；或者在原动机运转的情况下，使车辆在较长的时间内停车
4	起分动器的作用，如车辆为全驱动时，原动机的动力经变速器分别传给前桥和后桥

变速器的要求，见表2-4。

变速器的要求 表2-4

序号	变速器的要求
1	变速器应具有足够的挡位数和合适的传动比,以使装载机在合适的牵引力和行驶速度下工作,保证装载机具有良好的牵引性能与经济性能,并获得较高的生产率
2	工作可靠,使用寿命长,传动效率高,机构简单,制造容易,维修方便
3	换挡迅速、平稳、可靠。但不允许同时挂上两个或两个以上挡位,且不自动脱挡和自动挂挡

2. 变速器的控制

变速器的控制主要有电控和机械控制两种。电控系统主要由操纵机构、控制器、执行机构(操纵阀)及传感器组成,如图 2-6 所示。机械控制主要由操纵机构、机械拉杆(软轴)和执行机构组成,如图 2-7 所示。

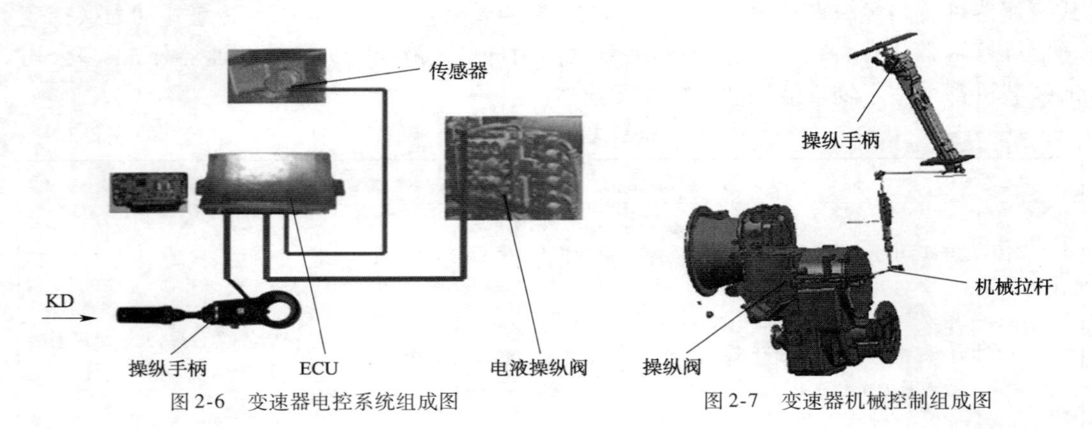

图 2-6 变速器电控系统组成图　　图 2-7 变速器机械控制组成图

3. 变速器的特点及功能

ZF(采埃孚)WG200 型动力换挡变速器由液力变矩器和定轴式(带有多片摩擦离合器)变速器组成。它有 3、4、5 或 6 个前进挡和 3 个倒退挡。特别适用于轮胎式装载机。为使人们能经济、有效、安全地操纵使用,根据装载机的使用情况,我国 5 吨级装载机通常选择 4 个前进挡和 3 个倒退挡的 ZF 4WG200 动力换挡变速器,它允许发动机的功率为 200kW,最高转速为 2800r/min,如图 2-8 和 2-9 所示。

4WG200 变速器可提供半自动或全自动换挡控制系统,将操作工从手动操作中解放出来,尤其是在逆向工作时,自动换挡提高了变速器的工作效率和服务寿命。其具有空挡保护与液压切断功能(即动力切断功能),可将发动机所有的动力传送至工作液压系统及 KD 挡强制降挡,以提高工作性能,尤其适用于轮胎式装载机的铲掘作业。同时,具有空挡保护功能,提高了车辆的使用安全性。

全自动换挡控制系统,其 2 挡是基本挡位,若变速手柄置于 3 挡或 4 挡,其控制系统可根据车辆外负荷的大小将车速在 2、3 挡之间或 2、3、4 挡之间自动变化,以适应外负荷的要求,该功能主要适应于行驶工况,对装载机的铲装作业不适用。因此,国内的装载机厂家均选用半自动换挡控制系统的 4WG200。

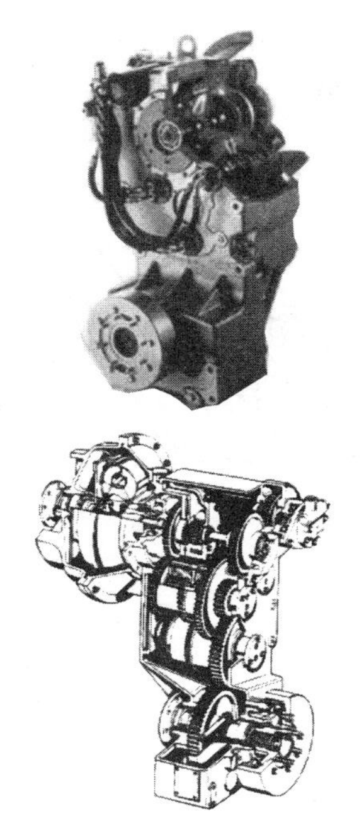

图 2-8　4WG200 变速器外观及内部结构图

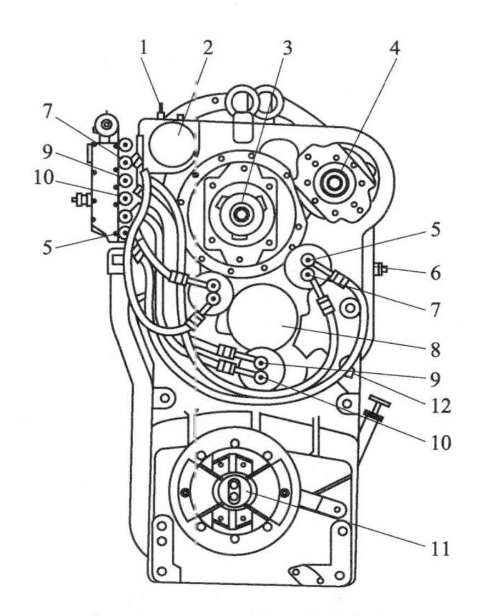

图 2-9　4WG200 变速器侧视图

1-透气塞;2-滤油器;3-第一取力口;4-第二取力口;5-KV;6-涡轮转速传感器;7-K1;8-可选用应急泵接口;9-K3;10-K4;11-前输出凸缘(配手制动器);12-输出转速传感器从电液操纵阀到离合器的管路

全自动换挡控制变速器与电控发动机,具有发动机转速自动控制和负载反馈变速功能,通过计算机管理可实现半自动和全自动模式的转换,根据装载机作业功况和负荷情况,自动调节发动机转速和车速,以适应作业功况和负荷要求。

ZF 挡位手柄控制方向。通过向前或向后推操纵杆可得到"前进—空挡—倒退"的位置,转动手柄可设定不同的挡位。另外,在挡位控制手柄内部还有一空挡锁止机构。挡位选择器外形如图 2-10 所示,操纵方式如图 2-11 所示。手柄向内挤压为 KD 开关,图 2-10 中,箭头所指为挡位锁定开关。其型号有 DW-2 与 DW-3,二者外形结构相似,差异是 KD 挡的按钮形式不同,控制原理相同。

图 2-10　ZF 挡位选择器图

当选用 DW-3 挡位选择器时,ZF 挡位手柄上的强制换低挡(KD 挡)按钮(仅在 1、2 挡起作用),使装载机操作工在作业过程中操纵更为简易舒适。KD 挡功能的工作循环如图 2-12 所示,主要步骤见表 2-5。

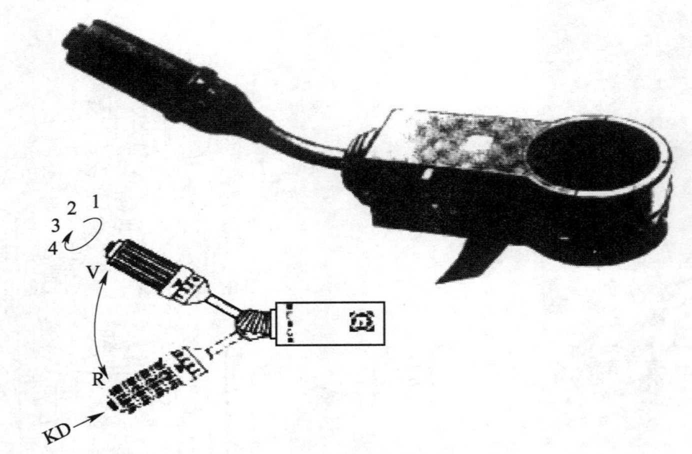

图 2-11　ZF 挡位选择器操纵方式图

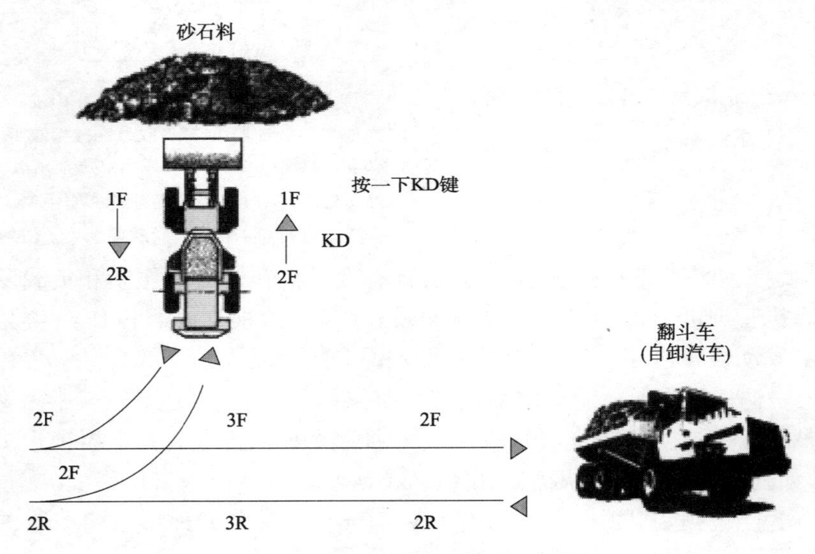

图 2-12　KD 挡功能的工作循环图

装载机使用 KD 挡功能主要步骤　　表 2-5

序　号	装载机使用 KD 挡功能主要步骤
1	装载机以 2 挡起步行驶,然后挂 3 挡前进,接近砂石料堆时,挂 2 挡
2	铲掘物料,按 KD 键(并不用转动换挡手柄),车辆速度会自动变为前进一挡
3	满斗后,向后拨换挡手柄至倒退挡,车辆可以自动地从前进 1 挡转换为倒退 2 挡(KD 功能在拨动换挡手柄后,会被解除,ZF 变速器允许车辆换挡从前进 1 挡直接到倒退 1 挡,前进 2 挡直接到倒退 2 挡,换挡时不需停车
4	向前推换挡手柄前进挡,按以下过程变速,2R→2F→3F→2F,卸料给自卸汽车后,按以下过程变速,2F→2R→3R→2R,装载机回到起点

因此，铲装物料作业时，装载机根本没必要转动手柄来选择速度挡，而是按以下步骤进行操作：2F→按 KD 键→1F→向后拨至倒退挡→2R→向前拨至前进挡→2F。

4. 变速器结构

ZF WG200 变速器采用多挡动力换挡变速器，为平行轴（定轴式）传动机构。变速器内有六个多片式摩擦离合器，能在带负荷状态（不切断动力）下接合与脱开。换挡时相应的离合器摩擦片接合是由受轴向液压作用的活塞压紧，离合器摩擦片的松开是靠离合器包内螺旋弹簧的作用力将塞推回。所有传动齿轮均由滚动轴承支承，齿轮与齿轮之间为常啮合传动。各齿轮、轴承及离合器均由经冷却后的变速器油进行冷却。

六个多片湿式摩擦离合器分布于三根平行轴上，其离合器分别为：前进挡 KV、后退挡 KR、Ⅰ挡 K1、Ⅱ挡 K2、Ⅲ挡 K3、Ⅳ挡 K4。其中，KV 与 K1 位于同一轴上，KR 与 K2 位于同一轴上，K3 与 K4 位于同一轴上。各挡离合器的接合情况及各挡速比，见表 2-6。

各挡离合器接合情况及速比表　　表 2-6

挡位		接合离合器	速比
前进	1	KV/K1	4.278
	2	KV/K2	2.368
	3	KV/K3	1.126
	4	K3/K4	0.648
倒退	1	KR/K1	4.278
	2	KR/K2	2.368
	3	KR/K3	1.126

5. 变速控制油路系统

WG 200 变速器采用电液先导控制。油路系统主要由吸油滤清器、变速泵、管路压力油滤清器及变速操纵阀组成。变矩器和变速器用油由变速泵提供，变速泵为齿轮泵，装于变速器内部，经取力轴由发动机直接驱动。变速泵从变速器油底壳并经过吸油滤清器吸油，将压力油直接泵入壳体顶部的管路压力滤清器（滤油精度为 0.025mm，过滤面积为 $500cm^2$），滤清器配有一个压力旁通阀（起安全保护作用）。油液经管路滤清器出来进入变速操纵阀，由变速操纵阀主调压阀来限制其工作压力（16 ~ 18bar[1]）后分两路，一路经减压阀（10bar）进入电磁阀作为先导油控制换挡阀；另一路通过压力控制阀进入挡位阀。

6. 变速器的操作与维护

（1）重要说明，见表 2-7。

重　要　说　明　　表 2-7

序号	内容	序号	内容
1	检查变速器液面时，发动机应怠速动转（约 1000r/min），油温应在正常温度	3	当油温为 80℃时，液面应在油标尺中间刻度线和上刻度线之间 注意：当发动机停止转动时，变速器液面基本都会上升
2	当油温为 40℃时，液面应在油标尺中间刻度线和下刻度线之间	4	严格参照维护要求，定时更换变速器油，定时更换过滤器

[1] $1bar = 10^5 Pa$。

续上表

序　号	内　容	序　号	内　容
5	起动发动机之前,确保控制手柄在空挡位置	8	拖车时,车速严禁超过10km/h,拖车距离严禁超过10km(无辅助泵)
6	每次行车前,松开驻车制动器(解除制动)	9	正常工作油温在80~110℃,在承受重负载时,允许短时间上升到120℃
7	停车时,要求换挡手柄在空挡位置	10	要特别注意变速器的控制油压。使用中,发现变速器有异常现象时,应停车检查

(2)操作的注意事项,见表2-8。

操作的注意事项　表2-8

序　号	项　目	内　容
1	行驶前的准备与维护	变速器运行前,务必按照规定的润滑油规格加入适量的润滑油
		必须考虑到应于油散热器、过滤器及连接管路中注满油,为此,首次加入的润滑油量要比以后正常维护的润滑油要多
		由于装在车辆上的变矩器油经过油散热器、油管在静止状态时流至变速器,所以应在停车挂空挡、发动机怠速、变速器处于正常的热平衡温度时来控制正确液面
2	行驶与换挡	起动发动机前,必须确认换挡手柄是在空挡位置,驻车制动器应处于制动状态。发动机起动后,解除驻车制动,选择好行驶方向和挡位,通过缓慢踩加速踏板,使车辆起步
3	暂停与停车	由于发动机与变矩器输出轴之间没有刚性连接,所以当车辆停在坡上(上坡或下坡)而操作工打算离开时,为防止车辆产生滑坡现象,不但要使用驻车制动器,而且要在车轮下放置阻动块
4	拖动	对于未装有辅助泵的变速器,拖车最高速度为10km/h,最大拖动距离为10km。否则,变速器会因为供油不足而损坏,当距离较远时,发生故障的车辆须装在其他车辆上进行运输
5	油温	变速器油温必须使用油温传感器来进行监控。变矩器出口油温不得超过120℃。如果油温超过120℃,车辆必须停下来,检查是否有油外漏,同时变速器挂空挡,发动机以1200~1500r/min转动,在这种情况下油温会迅速降低到正常值(2~3min)。如果油温不降低,则为系统内某地方存在故障,必须排出故障后方可作业
6	控制压力	换挡油压正常压力范围:1.6~1.8MPa,如果挂上某挡位,使用离合器后压力降到低于规定的最低压力(换挡瞬间压力会暂时自行下降),必须清除压力降的原因。太低的控制压力,会导致离合器损坏

(3)维护的内容,见表2-9。

维护的内容　　表2-9

序　号	项　目	内　容
1	油品	4WG200动力换挡变速器必须严格按照ZF TE-ML03润滑油表推荐用油或装载机使用说明书推荐用油
2	检查液面(每周一次)	①将车辆停在平坦的地方,变速器换挡手柄在空挡位置; ②变速器在工作温度范围,发动机怠速,约1000r/min; ③逆时针方向拧松油尺,取出并擦干净; ④油尺插入液面管内并拧紧,到位后再取出(至少2次); ⑤40℃时,液面应在下刻度"冷"和中间刻度之间; ⑥80℃时,液面应在上刻度"热"和中间刻度之间。 注意:检查冷车液面只是保证变速器、变矩器有充足的循环流量,决定液面的最后标准是满足热车用油
3	更换油与加油量	注意:车辆首次达到100h后,必须进行第一次换油。此后,在每1000工作小时或每年至少更换一次油。 必须按照下述要求进行换油: ①将车辆停在平坦的地方,变速器在工作温度,取出排油塞及密封圈,排干旧油; 注意:放油时,不但要将变速器油放干净,还要将变矩器和散热器的油放干净。 ②擦干净排油塞及壳体密封面,连同新的密封圈一起安装好; ③按照ZF推荐的润滑油表加油; ④变速器控制手柄在空挡位置,起动发动机并怠速运转; ⑤加油至"冷"油区的上刻度; ⑥在安全位置停车并制动,所有挡位选择一次; ⑦再检查一次液压,需要时重新加油
4	更换滤油器	注意:每次换油必须同时更换ZF精滤器,小心安装、运输、储存过滤器。不允许使用损坏的滤油器。 必须按以下要求安装滤油器: ①在密封圈上涂一层薄油; ②将过滤器按进,直到与壳上的密封面相接触,然后用手拧紧1/3～1/2圈。然后起动发动机,按以上方法加油和检查液面,并检查过滤器是否拧紧。必要的话,用手再次拧紧

三、驱动桥

驱动桥是装载机的主要组成部分。它主要由主传动、差速器、半轴、轮边减速器、制动器以及驱动桥壳等部件组成，如图2-13所示。装载机驱动桥均为两级减速传动结构。第一级减速装置采用螺旋锥齿轮传动，输入转矩大，传动效率高、工作平稳；第二级减速装置采用行星减速传动结构(NGW)形式，整体运动刚性好，输出速度平稳。在两级减速装置之间，采用全浮半轴连接传递动力，克服了桥壳在工作过程中的变形对半轴传动产生的影响。

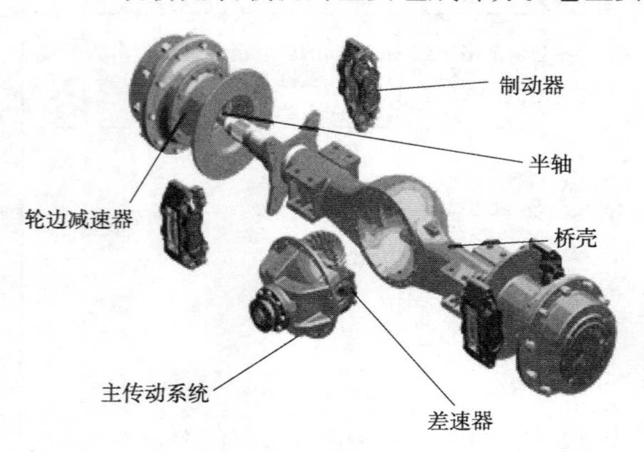

图2-13　驱动桥的组成图

驱动桥各组成部分的作用，如表2-10所示。

驱动桥各组成部分的作用　　表2-10

序　号	名　称	作　用
1	主传动	主传动的作用是增大转矩和改变转矩的传递方向
2	差速器	差速器使驱动车轮在转向或不平路面上行驶时，左右驱动轮能以不同的角速度旋转
3	半轴	半轴从差速器将转矩与转速传递到轮边减速器
4	轮边减速器	轮边减速器进一步增大从半轴输出的转矩
5	驱动桥壳	驱动桥壳把装载机的质量传递到车轮并将作用在车轮上的各种力传到车架，同时驱动桥壳又是主传动、差速器和车轮传动装置的外壳

1. 驱动桥的分类

目前，装载机驱动桥主要分为干式驱动桥(图2-13)和湿式驱动桥(图2-14)两种。干式驱动桥普遍采用钳盘式制动器，具有结构简单、配件广、维修成本低的特点；湿式驱动桥具有受环境污染影响小、散热性好、制动可靠的特点。

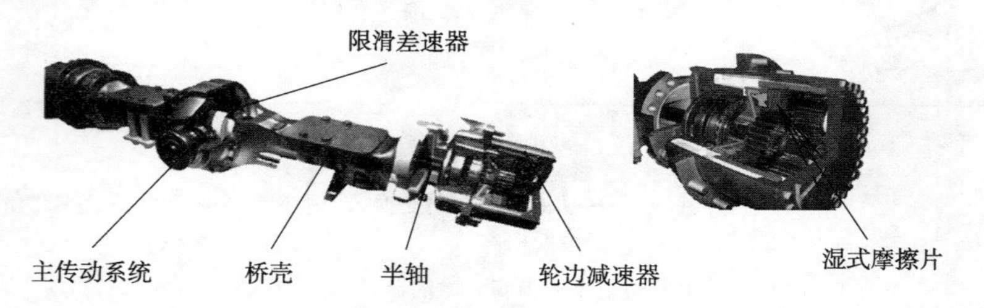

图2-14　湿式驱动桥组成图

2. 驱动桥的工作原理

装载机的主机动力转矩经传动轴从驱动桥的输入凸缘传入，由主减速器减速后，改变旋转方向，带动被动螺旋锥齿轮和差速器壳旋转，差速器壳带动十字轴和行星轮将动力传递给半轴齿轮，半轴齿轮通过半轴将动力分传给两侧的轮边减速器，再经轮边行星减速器将动力最终传给行星轮架，从而驱动车轮滚动前进。其传动路线如下：

装载机主机动力转矩—输入凸缘—主减速器—差速器—半轴—轮边减速器—车轮，其传动示意图如图 2-15 所示。

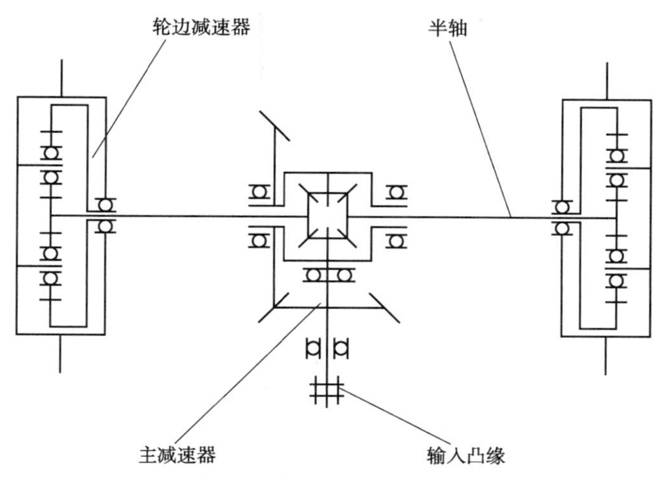

图 2-15　驱动桥动力传递路线图

3. 差速器的工作原理

装载机一般采用四轮驱动行星刚性桥。它在行驶时，由于多种原因将导致车轮行程不同，即在转向或直线行驶时，左、右侧车轮行程产生差异。如果用一根整轴以相同的转速驱动两侧车轮，必然会引起车轮在行驶面上滑移或滑转现象，致使车轮磨损加剧，功率损失增加，转向困难，操纵性变坏。因而桥中一定要设置差速器，其结构如图 2-16 所示。目前，常用的装载机差速器有三种结构形式：一是普通伞齿轮差速器，简称普通差速器；二是防滑自锁差速器，又称 NO-SPIN 差速器；三是有限打滑差速器，又称 POSI-TORQ 差速器，或限转矩差速器、防滑差速器。其结构、原理、特性各不相同，要正确选择以发挥它们的作用。

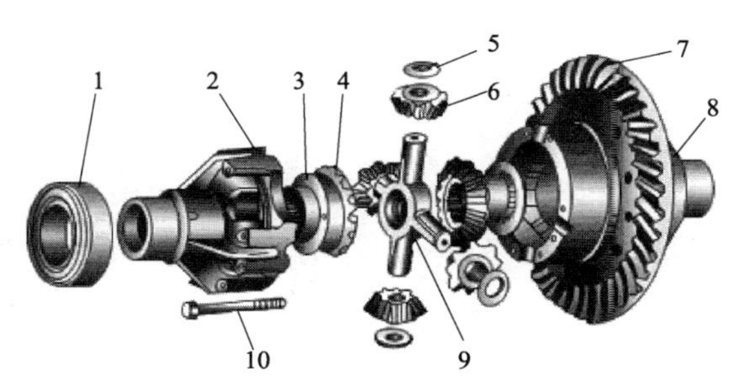

图 2-16　差速器结构图

1-轴承；2、8-差速器壳；3、5-调整垫片；4-半轴齿轮；6-行星齿轮；7-从动锥齿轮；9-行星齿轮轴；10-螺栓

装载机驱动桥总成中的差速器实质为差动轮系的分解运动，如图 2-17 所示：当整机在平坦道路上直线行驶时，左、右两车轮所滚过的距离相等，所以转速也相同。这时，半轴齿轮 1、行星齿轮 2、半轴齿轮 3 和从动螺旋锥齿轮 4 如同一个固联的整体，一起转动。当整机向左转弯时，为使车轮和地面间不发生滑动以减少轮胎的磨损，就要求右轮比左轮转

得快些。这时，齿轮 1 和齿轮 3 之间便发生相对转动，齿轮 2 除随齿轮 4 绕车轮轴线公转外，还绕自已的轴线自转，由齿轮 1、2、3 和 4（即差速器壳体）组成的差动轮系（即差速器总成）便发挥差速作用。其转速关系为：$2n_4 = n_1 + n_3$。当整机绕瞬时回转中心 C 转动时，左、右两轮走过的弧长与它们至 C 点的距离成正比，即 $n_1/n_3 = r'/r'' = r'/(r' + B)$。

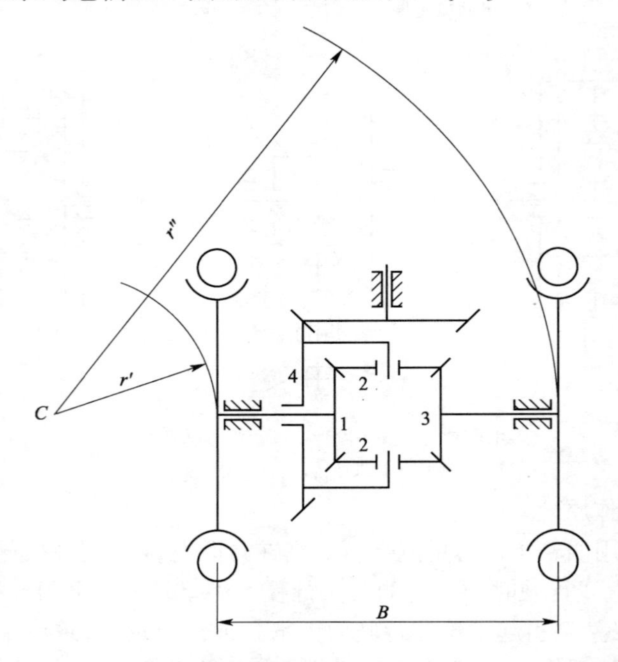

图 2-17　差速器工作简图

1-半轴齿轮；2-行星齿轮；3-半轴齿轮；4-从动螺旋锥齿轮

当机械转弯时，装载机的慢侧车轮所受转矩大，装载机的快侧车轮所受转矩小，这就是普通差速器的“差速不差矩”的转矩特性。这种特性会给机械行驶带来不利影响，如一侧车轮陷入泥泞时，由于附着力不够，就会发生打滑。这时，另一车轮的驱动力不但不会增加，反而会减少到与打滑车轮一样，致使整机的牵引力大大减少。如果不能克服行驶阻力，此时打滑的车轮以两倍于差速器壳的转速转动。而另一侧不转动，此时整机停滞不前。

4. 驱动桥轮边减速器的工作原理

装载机广泛采用行星轮式的最终传动。动力通过半轴传送到太阳轮，内齿圈与内齿毂固定在一起，内齿毂又通过内花键固定在空心轴上，空心轴又与桥壳通过螺栓固定在一起，因此内齿轮是固定不动的，太阳轮通过行星轮带动行星轮托架回转。驱动轮毂通过螺栓与行星轮托架相连，这样半轴上的转矩通过行星减速器传递到驱动轮上。

装载机驱动桥的轮边行星减速器实质为一周转轮系，如图 2-18 所示。齿轮 1 和 3 以及构件 H 各绕固定的几何轴线 O_1、O_3、O_H转动；齿轮 2 空套在构件 H 的小轴上。当构件 H 转动时，齿轮 2 一方面绕自己的几何轴线 O_2转动（自转）同时又随构件 H 绕固定的几何轴线 O_H转动（公转）。在周转轮系中，轴线位置变动的齿轮，即既做自转又做公转的齿轮，称为行星轮；支持行星轮做自转和公转的构件称为转臂或行星架；轴线位置固定的齿轮则称为中心轮或太阳轮。每个单一的周转轮系具有一个转臂，中心轮的数目则不超过两个。单一的周转轮系中，行星架与两个中心轮的几何轴线必须重合，否则便不能转动。在本周转轮系中，两个中心轮一个为太阳轮1，一个为内齿轮3，其中只有太阳轮能转动，内齿轮3固定不动，行星架为动力输出件，即本轮系只有一个动力输入件，这种轮系称为行星轮系（NGW型）。根据相对速度法或反转法可知：行星架动力输出方向与太阳轮动力输入的方向相同，其传动比为：$i_{1H} = 1 + i_1/i_H = 1 + z_3/z_1$。

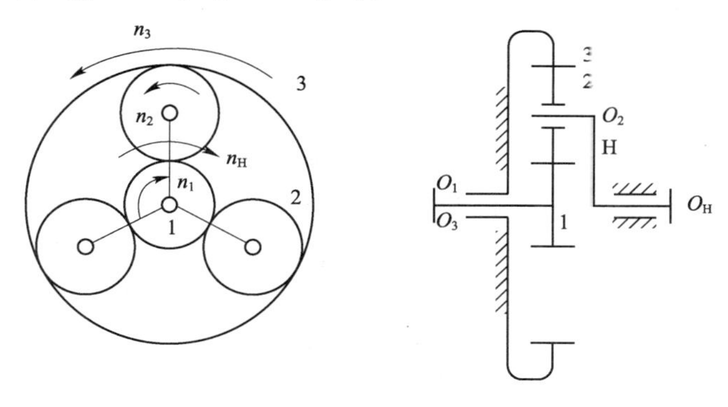

图2-18　轮边减速器工作简图
1、2、3-齿轮

5. 制动器

制动器为液压钳盘式制动，具有制动转矩大、制动平稳可靠等特点。制动器由内钳体、外钳体、活塞、制动片、制动盘等组成，制动盘与轮毂固定，并一起相对桥壳轴管旋转，制动器固定在驱动桥壳上。制动片通过销子与内、外钳体连接在一起，并可沿销子做轴向移动。其工作原理为：制动时，高压制动液从制动管路中通过钳体油口进入活塞后面的液压腔，驱动两侧活塞向中间推动制动片，从而钳住安装在轮毂上旋转的制动盘，使之产生摩擦阻转矩，达到制动的目的。与此同时，矩形密封圈在摩擦力作用产生弹性变形。当解除制动时，高压油排出，活塞在密封圈的弹性恢复力作用力而复位，制动解除。

当制动间隙因摩擦片磨损而变大，在制动时，活塞在压力油作用下克服密封圈的摩擦阻力而继续外移，直到摩擦片压紧制动盘为止。当解除制动时，由于密封圈的弹性变形不同，故活塞被密封圈拉回的距离自然与磨损前不一样，所以制动间隙能自动调整。

工作路线：油缸的液压力—活塞运动—推动制动片—钳住制动盘

6. 传动轴

装载机的传动轴为万向传动装置，主要用于连接非同心轴线或在工作中有相对位置变化的两个部件之间的动力传递，见图2-19。它经常用于下列几种情况：

（1）装在变矩器输出轴与变速器输入轴之间；变速器输出轴与前、后桥动力输入轴之间。变速器的输出轴线与前、后桥输入轴线不在同一水平面内，且在水平面的投影也不在一条直线上，需要用万向传动装置进行动力传动。

（2）装载机前、后车架为铰接，在转向过程中，其相对位置会发生变化，因而装在车架上的变速器与装在前车架上的前桥在转向过程中，其位置也在不断发生变化。为了保证可靠地把动力从变速器传递到前、后桥，也必须应用万向传动装置。

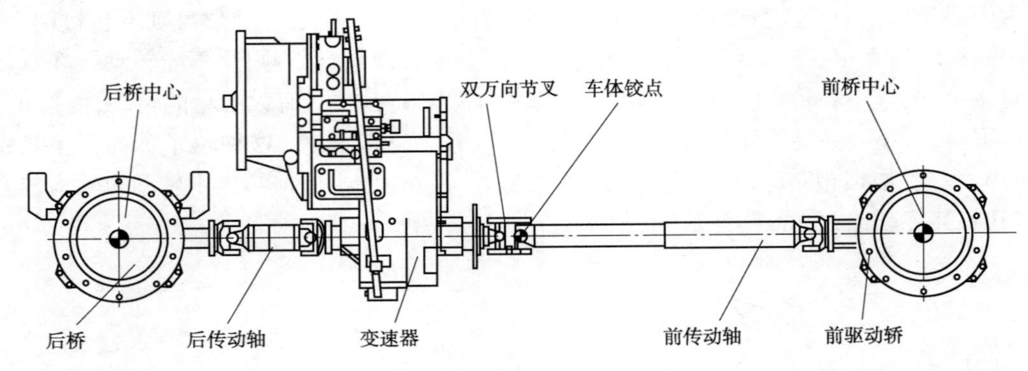

图 2-19 装载机传动轴布置图

为了得到较高的强度与刚度，传动轴多做成空心的。当传动轴过长时，自振频率降低，易产生共振，故常将其分为两段并加中间支撑。中间支撑安装在前车架横梁或在车身地板上，中间支撑常采用自位轴承。

第二节 行走系统的构造及工作原理

由于装载机经常在恶劣环境下、松软或碎石场地行驶，重负荷和极大冲击负荷下作业，所以要求行走系统各部件都要有很高的强度与刚度。

为了获得较大的牵引力，装载机一般采用四轮驱动。装载机在作业时，前后轮负荷变化很大，为了使机体不造成较大的纵向摆动，并使装载机有较好的稳定性，前、后桥均采用刚性桥，所有来自地面的冲击只能靠低压胎来缓冲。通常情况下，装载机前桥刚性地固定在车架上，后桥则通过摆动车架（又叫副车架）铰接在车架上，当在不平路面上行驶时，后桥绕装载机纵轴可以摆动一定的角度（7°～10°），使车轮不致离地。还有一种三点铰接结构，也起着与摆动车架相同的作用，因而在装载机中也有采用。

装载机行走系是由车架、副车架、驱动桥、轮胎与轮毂等部分组成的。它的主要作用是支撑整机质量，接受传动系输出转矩而产生的驱动力和行驶速度，以及接受路面传来的各种反力。

一、车架

车架是行走系的骨架，也是整机的骨架，如图 2-20 所示。装载机的主要部件都是通过车架固定在其位置的。车架的结构类型应满足其强度、刚度、耐久性及相互位置精度的要求，因此车架一般由一定厚度的焊接性能好、高强度低合金钢板焊接而成。焊件必须彻底清洁干净，焊接严格按工艺进行，焊缝应有足够的高度，表面要平整，不允许有气孔或夹渣，最好用 X 射线探伤检查，弯曲的钢板尽量由压机成型，不要拼焊，焊后要退火或用振动消除应力，加工时，要保证加工件的精度与相互位置精度等。

车架由前车架与后车架组成。前车架主要安装前桥、工作装置、多路阀等一些液压元件；后车架主要安装副车架、后桥、动力装置、传动装置，大部分液压元件与电气元件、驾驶室及操纵元件。这两个车架是通过上下两个垂直铰销相连，允许前、后车架在水平内有

40°左右的相对转角，从而减少装载机的转弯半径。铰接式车架，轴距尺寸加大，对整机的稳定性有所提高，连接前、后车架的铰接点一般布置在轴距的中点，使前后车轮转向半径相等，转向间距离加大，以改善受力状态。

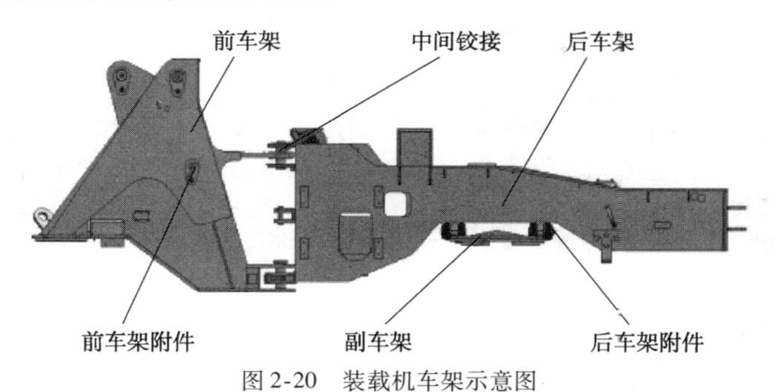

图 2-20　装载机车架示意图

二、车轮

由于装载机大多数采用刚性悬架，其冲击作用全部由车轮承担，另外整机的附着条件和滚动阻力也与车轮结构形式有关。车轮支撑着整机的质量，承受各种工作负荷，同时也把路面上各种反力传递给机架。车轮还是行走、支撑、导向和缓冲结构，车轮结构的优劣对装载机行驶性能有很大影响。车轮由轮辋、轮胎组成，如图 2-21 所示。

图 2-21　车轮组成图

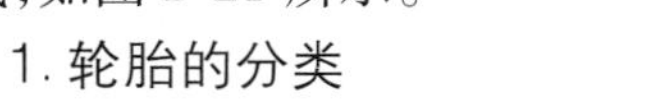

1. 轮胎的分类

(1)轮胎的花纹种类和适应工况分类，见表 2-11。

轮胎的花纹种类和适应工况分类　　表 2-11

序　号	轮胎花纹	轮胎性能	适用工况
1		岩石型花纹胎，胎体坚固、稳定性能好，耐磨和附着性能好，具有良好的综合性能	适用于劣质路面，工况适应性广，主要用于矿山、建筑、煤场、水泥岩石路面等
2		碎花胎，胎体坚固、稳定性能好，附着性能好，具有良好的综合性能	适用路况相对较松软的工况，主要用于河沙，沙漠边缘等

续上表

序　号	轮胎花纹	轮胎性能	适用工况
3		全橡胶实心轮胎，耐刺扎性能优异，耐磨性高	常用于钢厂、废旧金属回收厂等路面环境极其恶劣的场所
4		雪地胎，橡胶科学配方，耐低温，ETSNOW 花纹能增强雪地附着力	适用雪地路况

（2）按轮胎断面宽度分类，如图2-22所示。此分类包括正常断面的标准轮胎和宽基断面的基轮胎两种系列。宽基轮胎是在标准轮胎的基础上发展起来的，能适应大型复杂结构的机械，对轮胎的高载荷性能有要求。宽基轮胎与标准轮胎比较，外径相同，但断面较宽，有较大的接触面积、较高的载荷能力及较低的接地比压，可以提高工程轮胎的使用性能，但转向阻力有所增加。一般宽基轮胎用于大尺寸车轮。

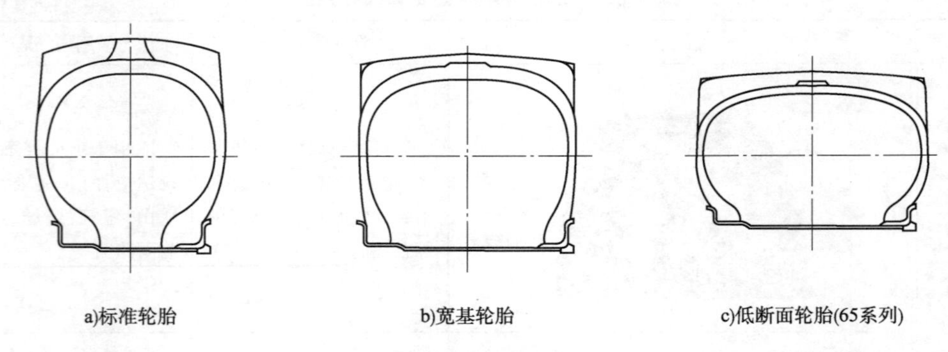

a)标准轮胎　　b)宽基轮胎　　c)低断面轮胎(65系列)

图2-22　工程轮胎按断面形状分类图

（3）按轮胎充气压力分类（仅对充气轮胎），见表2-12。

按轮胎充气压力分类　　表2-12

序　号	类　型	压　力
1	高压轮胎	充气压力为0.54MPa以上
2	低压轮胎	充气压力为0～0.54MPa
3	超低压力轮胎	充气压力为0.2MPa以下

(4)按国家标准分类。

第一类:铲运机和重型自卸汽车轮胎 E 型,主要用于运土机械作业。由运土设备自装载荷或装载设备助装,然后将此载荷运往他处并卸载后空车返回的一个搬运过程,这种运输通常在未修缮路面上进行,速度为 65km/h 以下,最大单程运输距离为 4km。

第二类:装载机和推土机轮胎 L 型,主要用于装载机和推土机作业。装载机作业时用装载机拾取物料并做短距离转移的一个工作过程。轮胎负荷随装载机拾取载荷时所涉及的条件而变动。运输速度低,最高达 10km/h。而且运输距离也短,单程最远 75km。

第三类:平地机轮胎 G 型,主要用于平地机作业。

第四类:工业车辆轮胎 IND 型,主要用于工业车辆作业。

目前,轮胎式装载机使用的轮胎主要有斜交线轮胎(图 2-23)和钢丝子午线轮胎(图 2-24)两大类,而今后的发展趋势是向子午线轮胎发展。钢丝子午线轮胎相对于斜交线轮胎的根本区别为斜交线轮胎是多层斜线交叉的帘布层作为胎体,钢丝子午线轮胎是由胎侧的一层钢丝连线体和胎冠中心的多层钢丝带束层组成。钢丝子午线轮胎相比斜交线轮胎具有的优缺点,见表 2-13。目前,国内各主机厂因成本问题在国内销售的装载机主要采用斜交线轮胎,出口装载机部分采用钢丝子午线轮胎。

图 2-23　斜交线轮胎图

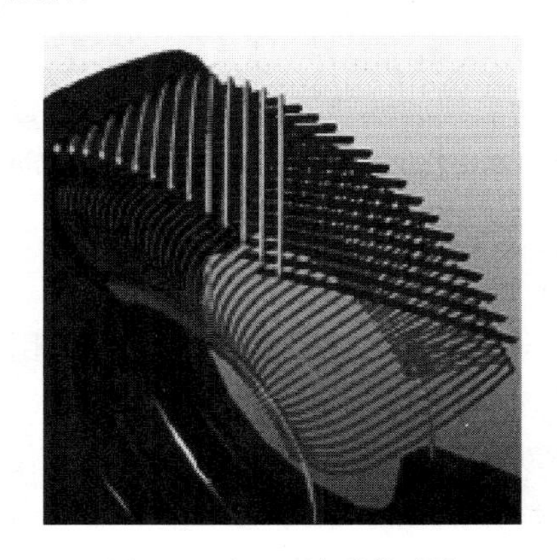

图 2-24　钢丝子午线轮胎图

钢丝子午线轮胎优缺点　　表 2-13

序　号	优　点	缺　点
1	轮胎耐磨性能好,使用寿命长	成本高
2	滚动阻力小,生热低,节约燃料,使用成本低(节油 7%)	
3	操控性和舒适性好	
4	抗刺穿能力强,牵引性能好	

2. 轮胎规格的表示方法

如装载机轮胎规格为“16/70-20”,16 表示断面宽度为 16in[1],70 表示轮胎断面的扁平

[1] 1in = 0.0254m。

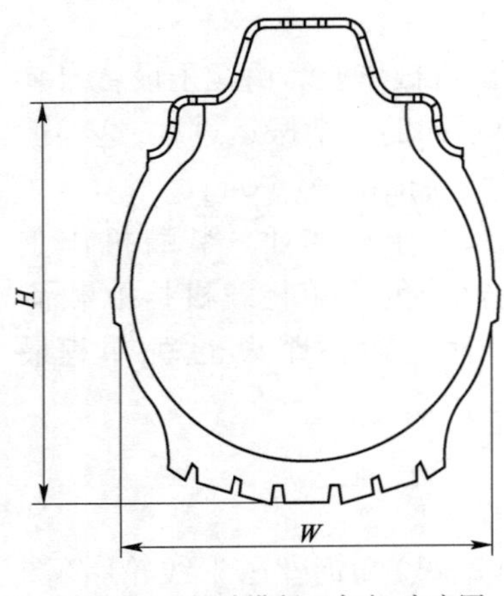

图 2-25　轮胎横断面高度/宽度图

比是 70%，即轮胎胎壁高度和胎面宽度的比例，一般轮胎的扁平比为 30% ~80%，负荷指数为 20。

轮胎断面宽度是指轮胎按规定充气后，两外侧之间的最大距离，一般以 5mm 为一单位进行划分，但新胎断面宽度公差是 63%。断面高度是指轮胎充气后，外直径与轮辋名义直径之差的一半。

扁平率 = 横断面高度 H/横断面宽度 $W \times 100\%$，如图 2-25 所示。轮胎规格标记上的扁平率以百分数形式展示，百分号一般省略，通常有 80、75、70、65、60、55 等几种类型。

负荷指数是把一条轮胎所能承受的最大负荷以代号的形式表示。

第三节　制动系统的构造及工作原理

制动系统是装载机的一个重要组成部分。装载机在进行作业时，由于路窄、坡大、弯多，保证行车安全已成为一项十分重要的问题，所以对装载机制动系统的性能及结构提出了越来越高的要求。目前，对于装载机的制动系统而言，主要有两种制动形式，气推油钳盘式制动系统和全液压制动系统。

一、气推油钳盘式制动系统

气推油钳盘式的制动形式，目前应用最广，其主要特点是发动机自带打气泵为制动系统提供气源，由于气体压力不能达到制动的压力要求，所以采用加力器来实现增压，通过行车制动阀来控制制动，其主要优点是便于维护，当进行维修时，由于该系统在加力器之前是气体介质，维护时不会产生油液污染，比较环保。另外，该系统技术比较成熟，成本比较低，容易为国内用户所接受。但是，由于该制动系统采用气、液两种介质，需要两套管路，装载机排气时，噪声比较大，还有就是容易产生气阻，导致制动失灵，容易造成危险，需要单独加制动液。所以国内基本是在 6t 以下的装载机上使用该系统，大吨位的装载机由于需要的制动压力较高，而气推油钳盘式制动系统不能满足此要求。

目前，国产 ZL50 型机主导产品的制动系统多数为带紧急制动的制动系统，该系统具有行车制动、驻车制动及国际流行的紧急制动系统（驻车制动与紧急制动共用）。紧急制动具有四种功能，见表 2-14。目前，还有部分产品的制动系统为双管路行车制动，该系统与带紧急制动的制动系统相比，其行车制动部分从储气罐开始多了一路，结构元件组成基本相似。该系统没有紧急制动部分，但有手柄带软轴直接操纵驻车制动器的驻车制动。这种制动系统比普通的不带紧急制动的单管路制动系统制动可靠性、安全性要高，但比带紧急制动的制动系统差一些。因此，今后带紧急制动的制动系统应用会更加广泛。

紧急制动功能　　表 2-14

序　　号	紧急制动功能
1	驻车制动
2	起步时起保护制动作用。气压未达到允许起步气压时，驻车制动起作用，且摘下不挡
3	行车时气路发生故障起安全保护制动作用。当制动系统气路出了故障，降到允许行车气压时，紧急制动会自动制动，同时变速器会自动挂空挡
4	紧急制动。当行车制动出了故障时可选用该系统实施紧急制动，而代替行车制动起作用

(1)驻车制动系统用于停车与紧急制动，又分为简单机械驻车制动系统和带助力机构的驻车制动系统。简单机械驻车制动系统主要由软轴和操纵机构构成，如图 2-26 所示，特殊情况下可以作为紧急制动；带助力机构的驻车制动系统主要由手制动阀、制动气室、储气筒及管路组成，如图 2-27 所示，特殊情况下可以作为紧急制动。

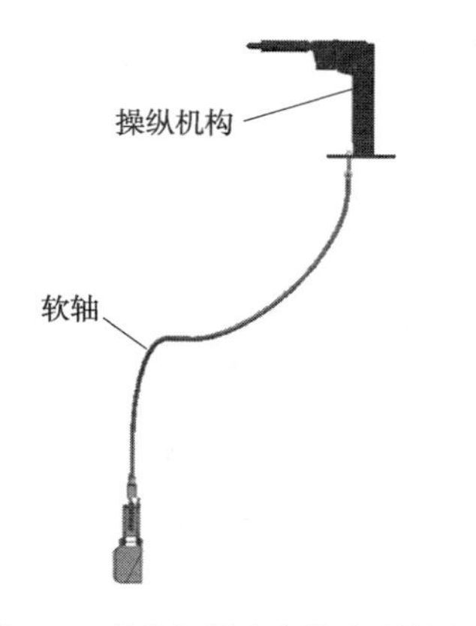

图 2-26　简单机械驻车制动系统图

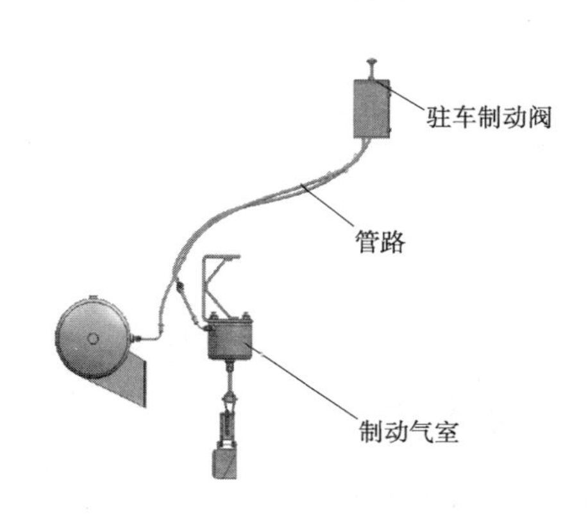

图 2-27　带助力机构驻车制动系统图

(2)行车制动系统是用于经常性一般行驶中速度的控制及停车，也称脚制动。装载机行车制动一般采用气顶油钳盘式制动，具有制动平稳、安全可靠、结构简单、维修方便、沾水复原性好等特点。主要由油水分离器、储气筒、行车制动阀、空气加力泵及管路组成，如图 2-28 所示。工作时，空气压缩机由发动机带动，压缩空气经单向阀进入空气罐，压力为 0.78MPa。踩下制动踏板，空气罐里的压缩空气分两路分别进入前、后加力器的气缸，推动气缸里的气活塞，并带动油活塞，转化为油路，给制动液加压（油压约 12MPa）。液压油推动钳盘式制动器的活塞，使摩擦片压紧在制动盘上，实施制动。松开制动踏板，在弹簧力作用下，加力器内的压缩空气从制动阀处排出到大气，活塞复位，制动液回到加力器储油杯，制动解除。

加力泵结构如图 2-29 所示，其工作原理为来自储油杯总成的制动液通过斜孔进入 C 腔，经过回油阀总成与油活塞间的侧间隙由油活塞中的补油孔进入 B 腔，来自气制动阀出气口的气压由进气口进入 A 腔推动气活塞总成向前移动，推杆推动推杆座总成，进油阀门将液压活塞皮圈总成内的补油孔封住，在油缸体 B 腔内产生高液压，输出的压力为输入气压的增压比 ×90% 倍，当气压释放时，在复位弹簧的作用下，补油孔敞开，液压油由补油孔返回储油杯总成。

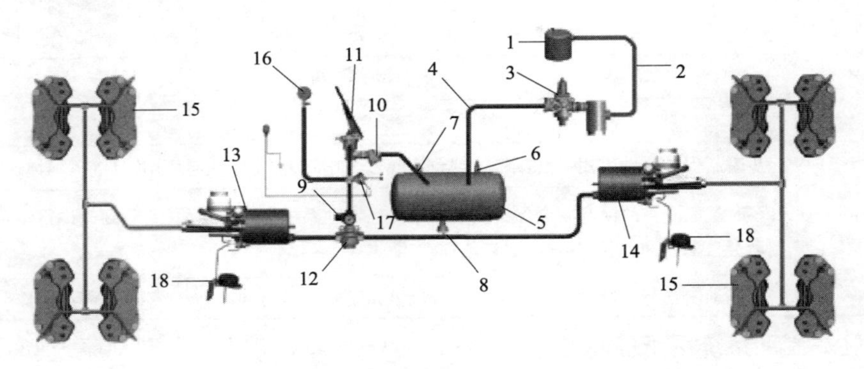

图 2-28　装载机制动系统组成图

1-空气压缩机;2、4-管路;3-空压源管理器;5-储气筒;6-单向阀;7-安全阀;8-自动排水阀;9-油压表;10-管路过滤器;11-制动控制阀;12-卸荷阀;13、14-加力泵;15-制动器;16-气压表;17-制动灯开关;18-活塞限位开关

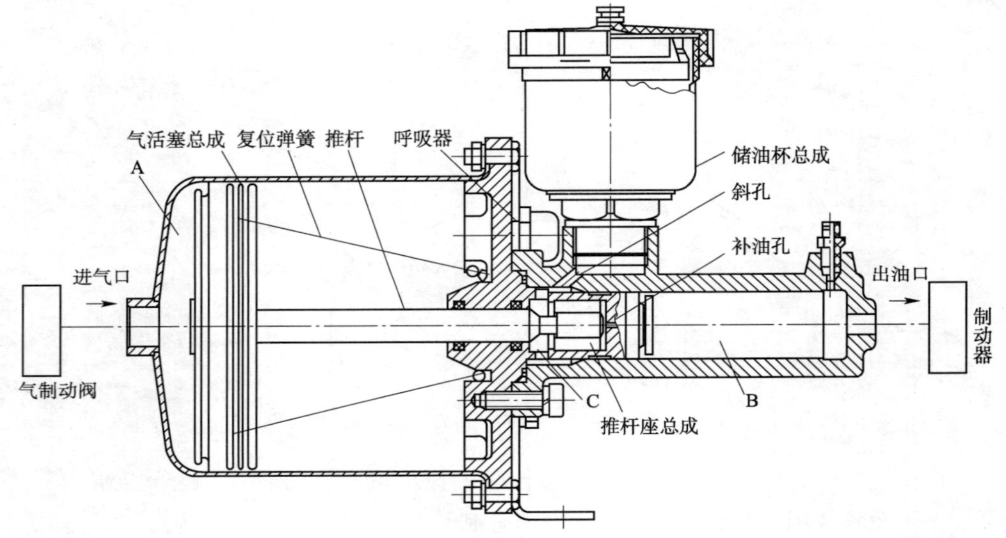

图 2-29　加力泵总成图

加力泵安装注意事项见表 2-15,其维护注意事项见表 2-16。

加力泵安装注意事项　　　　表 2-15

序　号	注　意　事　项
1	安装前先将各进、出气(液)孔的保护塞卸下
2	将产品用 2 - ϕ12.5 孔紧固连接在工程机械上,同时要确保储油杯高度高于系统中的液压管路
3	调试前储油杯注入制动液,同时打开放气螺钉(包括制动执行元件的放气螺钉),在放气过程中应不断补充制动液,待确实放完全部气体后,应迅速关闭放气螺钉,并使储油杯的制动液保持在规定的要求高度,最后将储油杯盖旋紧
4	产品必须使用规定的制动液,确保清洁,严禁不同型号制动液混用
5	产品使用中应经常检查储油杯的储油量,并始终保持充足的制动液,严禁无液或少液情况下工作

加力泵维护注意事项　　表 2-16

序　号	维护注意事项
1	所使用的制动液应符合国家标准，不得有掺杂现象，如果在低温环境中工作，应选用防冻制动液
2	产品在装机调试过程中，应通过放气螺钉排放液压管路中的空气，保证液压系统中不得有气体存在，否则不得行车
3	气路中应有放水、过滤装置，以确保气源的清洁。气制动系统的管路、储气筒应进行防锈处理
4	应定期更换制动液，并确保制动液面高度在规定范围内
5	若发现易损件磨损严重、压力不足感觉或制动疲软，应立即更换易损件
6	在更换易损件时，应根据易损件实物对应更换，对于更换过程中损坏的紧固件（挡圈、螺栓）必须更换，并确保安装到位、牢固可靠，不得损坏其他部件。更换后未经试验合格不得装机
7	根据实际工况定期对呼吸器滤网总成进行清洗

加力泵呼吸器结构总成如图 2-30 所示，本总成为可拆卸式呼吸器，每月根据工况至少清洗一次：将螺钉旋下，拿出滤网总成进行清洗，晾干后重新装在本体上，装上橡胶垫、防尘盖、垫圈，旋紧螺钉即可。

当对加力泵性能有怀疑时，拆下加力泵出油口配件，从出油口处接一液压表（0 ~ 25MPa，精度不低于 0.4 级），如图 2-31 所示，踩下气制动踏板，观察气压表与出油口液压表的压力值，判别方法见表 2-17，对加力泵的性能有了初步判断后，再根据《使用说明书》中常见故障的排除方法进行产品维修，就能最大限度地减少产品误判。

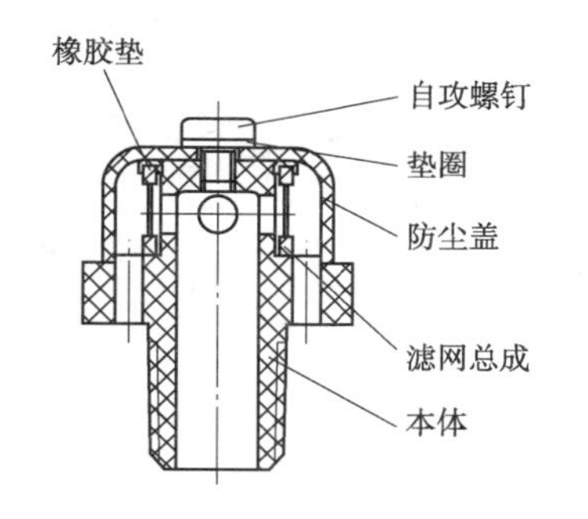

图 2-30　呼吸器总成图

图 2-31　检测加力泵性能的接表方法图

加力泵性能判别方法　　表 2-17

序　号	加力泵性能判别结果
1	液压表与气压表的压力值之比达到增压比的 90%，说明加力器的性能正常
2	液压表与气压表的压力值之比小于增压比的 90%，说明加力器的性能有衰减
3	液压表无压力值时，说明活塞卡死
4	气压表与液压表的压力值同步下降，说明气室腔漏气
5	气压表的压力值不降，液压表的压力值下降，说明加力泵液压腔漏油

二、全液压制动系统

随着卡特匹勒等知名厂商对制动系统的更新换代,另一种制动形式应运而生,就是全液压制动系统。其主要由行车制动阀、充液阀、蓄能器等液压元件组成,如图 2-32 所示。

图 2-32 所示为双回路的行车制动阀,这种行车制动阀有两个相对独立的输出口,能够在制动系统的一个回路出现问题时,另一回路可以继续正常工作。制动阀有四个油口,分别为:制动阀的进油口、前桥制动油口、后桥制动油口、制动阀回油口。

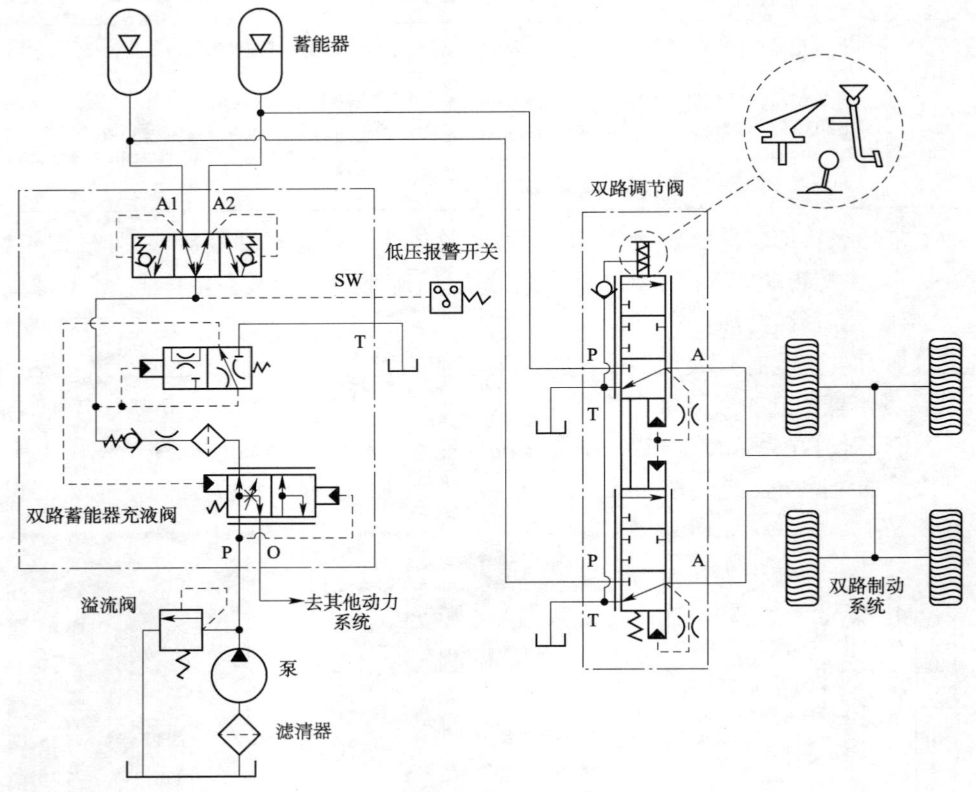

图 2-32　全液压制动系统图

对于全液压制动系统来说,由于其使用的制动介质为与液压系统相同的液压油,所以与液压系统共用一个油箱,便于散热,从而保证制动效果。从长期的发展来说,全液压制动由于其便于维护、制动可靠等优点,必将成为工程机械制动的首选系统,对于大吨位的装载机来说,全液压制动也是今后的发展趋势。

第四节　转向系统的构造及工作原理

目前,轮胎式装载机转向系统大多采用铰接液压转向系统,前、后车架由上、下铰接销连接而成,它既可以在水平面内做相对转动,又可以在垂直面内做相对移动。前者实现整体转向,后者保证车轮与地面良好接触。铰接式机构的优点是:由于转向半径小、转向灵活、附着性能好、不需要转向桥,前、后桥可以通用,使零件的标准化、通用化情况良好,从而在无轨设备中得到广泛应用。但铰接式转向也有一些缺点：所需功率大、机械的横向稳定性差、前驱动轮没有定位角，车轮会出现振摆，机械蛇形前进，直线行驶性能差、转向盘无自动复位作用。

装载机转向系统要求，见表2-18。

装载机转向系统要求　　表2-18

序　　号	要　　求
1	工作可靠。转向系统与装载机的运行安全关系很大，故转向系统的零部件应有足够的刚度、强度和寿命
2	操纵轻便。转动转向盘的操纵力应尽可能小，以减轻操作工的工作强度，更有利于安全于作业
3	转向灵敏。当机械朝一个方向转弯时，转向盘的转数不能超过2.5圈。转向盘处于中间位置时，转向盘的空行程（间隙）不允许超过15°
4	调整简单。转向系统的调整应尽量少而简便，这样更适宜操作和使用
5	轮胎式机械转向行驶时，要有正确的运动规律。即要求合理地设计转向梯形结构，以保证机械的两侧转向轮在转向行驶中没有侧滑现象
6	尽可能增大内侧转向的最大偏转角，以减小机械的最小转向半径，提高机械的机动性

全液压转向系统分为优先流量放大系统及同轴流量放大系统。

一、优先流量放大转向系统

优先流量放大转向系统主要由转向泵、先导泵、转向器、流量放大阀、转向油缸及管路等组成，如图2-33所示。

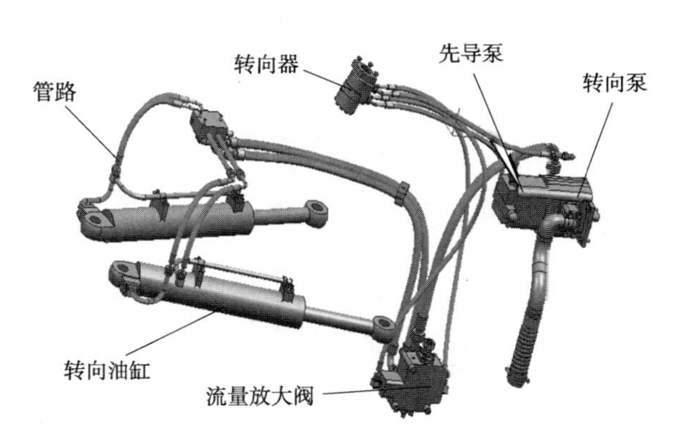

图2-33　优先流量放大转向系统图

优先流量放大转向系统工作原理如图2-34所示，其工作原理为：转向盘带动全液压转向器的阀芯控制先导泵来油的配油方向，从而控制转向泵来油，经流量放大阀驱动转向油缸活塞运动，推动前、后车架绕铰接销做相对偏转而进行转向。转向盘未转动时，转向泵来油将通过优先阀并入工作液压系统；转向时，转向泵来油通过优先阀优先保证转向所需用油。采用流量放大转向系统的装载机在驾驶时，操作轻便，安全可靠。

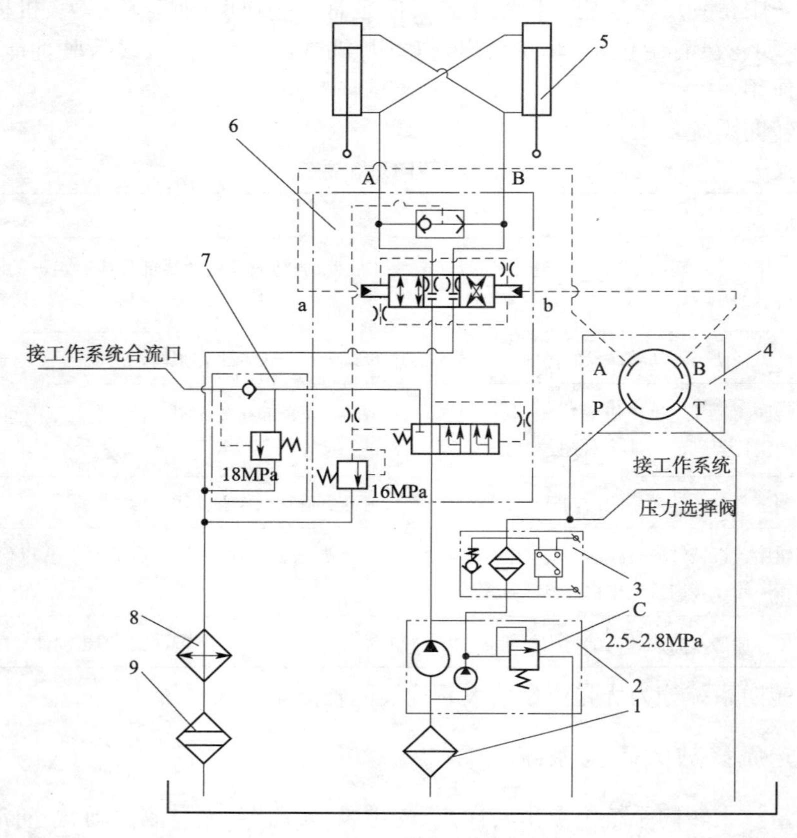

图 2-34　优先流量放大转向系统工作原理图

1-吸油滤清器;2-转向泵(带先导泵);3-压力管路滤清器;4-全液压转向器;5-转向油缸;6-优先型流量放大阀;7-卸荷阀;8-油散热器;9-回油滤清器;C-先导溢流阀

二、同轴流量放大转向系统

同轴流量放大转向系统主要由转向泵、转向器、组合阀块、优先阀、转向油缸及管路等组成,如图 2-35 所示。

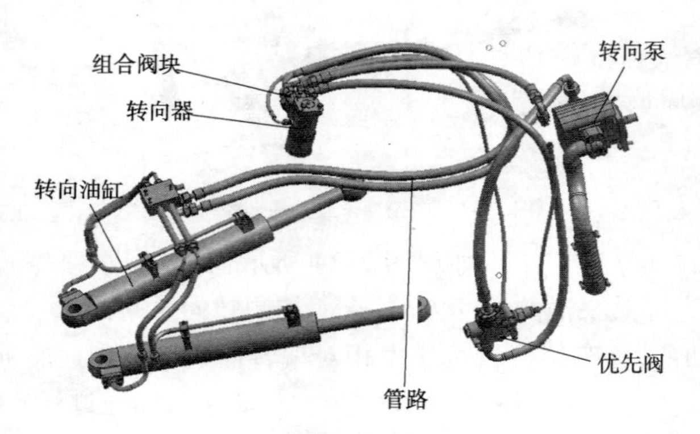

图 2-35　同轴流量放大转向系统图

第五节　液压系统的构造及工作原理

液压系统是装载机的一个重要组成部分，主要用于控制装载机工作装置中动臂和转斗以及转向和其他附加工作装置动作。虽然装载机型号繁多，各生产厂家设计思路不同，但液压系统主要组成部分基本相同。装载机液压系统图，如图2-36所示。

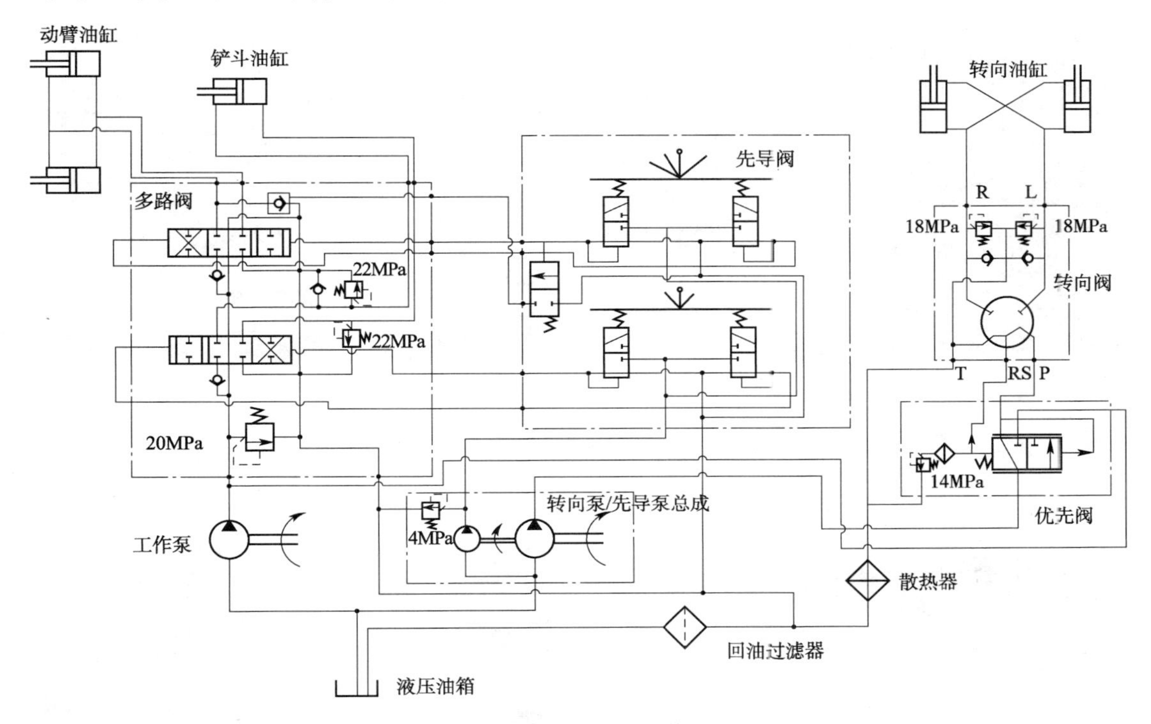

图2-36　装载机液压系统图

一、装载机液压系统组成及概述

液压系统油路主要分为两部分：先导控制油路和主工作油路，主工作油路的动作是由先导控制油路进行控制，以实现小流量、低压力控制大流量、高压力。整个工作液压系统的元件组成主要有：液压油箱（带回油过滤器）、工作泵、先导泵、组合阀、先导操纵阀、分配阀、动臂油缸、转斗油缸、动臂及转斗自动复位装置。

液压油箱（图2-37）用于向整个液压系统供油，在车辆采用湿式制动装置时，也可为整车制动系统供油。油箱中设置了回油过滤器，用于清除液压系统油路中的杂质，以保证液压油液的清洁度。液压系统中的工作齿轮泵、转向＋先导双联齿轮泵均安装在车辆的变速器上，如图2-38所示。通过变速器内的分动齿轮，由发动机提供动力，向整个液压系统提供压力油源。

组合阀安装在车辆右侧的后车架内，如图2-39所示。它是先导泵向先导操纵阀供油路上主要的压力控制元件。

先导操纵阀安装在驾驶室内座椅的右侧，如图2-40所示。先导操纵阀为叠加式两片阀,由动臂操纵联和转斗操纵联两个阀组组成。通过操纵先导操纵阀的动臂控制杆和转斗控制杆,可以操纵分配阀内动臂滑阀或是转斗滑阀的动作,从而实现对车辆工作装置的控制。动臂手柄的操作位置有四个,提升、中位、下降及浮动;转斗手柄的操纵位置有三个,收斗、中位和卸料。其中,在先导操纵阀的动臂提升、动臂下降、转斗收斗三个位置中设置有电磁铁,通过与前车架和摇臂上的动臂及转斗自动复位装置的连接,可实现动臂高度的自动限位及铲斗的自动放平。

图 2-37　液压油箱图

1-液压油箱;2-液压油加油口;3-液压系统回油口;4-滤芯安装口;5-油位计;6-油箱清理口

图 2-38　工作、转向油泵图

1-工作齿轮泵;2-转向 + 先导双联齿轮泵

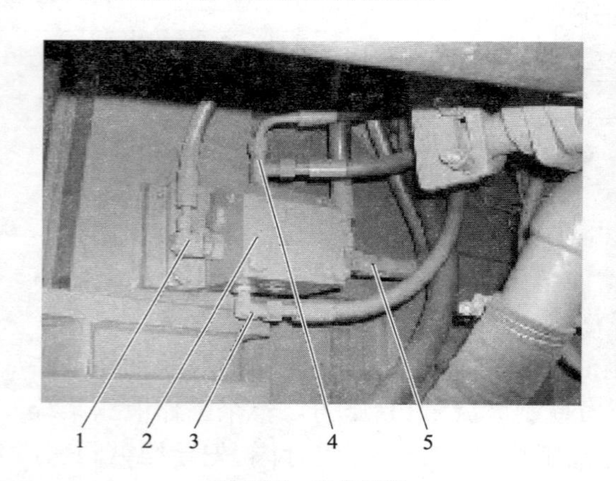

图 2-39　组合阀图

1-接先导操纵阀的进油;2-组合阀;3-接动臂大腔单向阀;4-先导泵到组合阀的进油;5-组合阀的回油(并通转向器的回油)

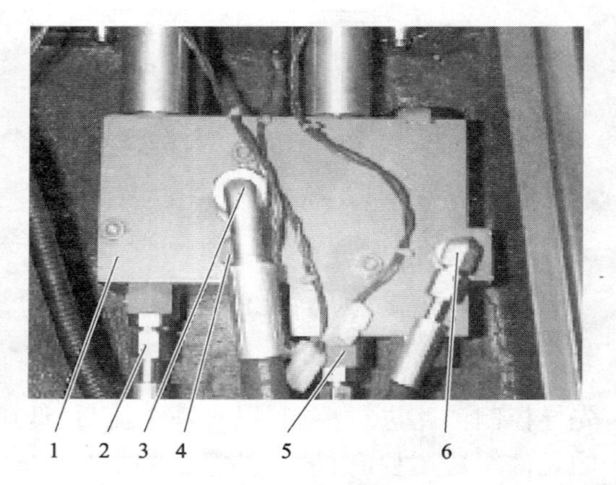

图 2-40　先导操纵阀图

1-先导操纵阀;2-接分配阀;3-先导阀回油口;4-先导阀进油口;5-接分配阀;6-接分配阀的浮动用单向阀

分配阀是整体式两联阀,如图 2-41 所示。包括动臂滑阀及转斗滑阀。动臂滑阀包括了提升、中位、下降三个位置,动臂滑阀配合先导操纵阀同时动作,可实现动臂的浮动功能。转斗滑阀则包括有收斗、中位和卸料三个位置。分配阀整体安装在前车架内,用于在主工作油路中实现工作泵向动臂油缸及转斗油缸的压力油分配控制,从而实现车辆工作装置的有效工作。

动臂油缸和转斗油缸是整个液压系统的执行元件，如图 2-42 所示。用于实现车辆动臂的提升及下降、铲斗的收斗及卸料等动作。装载机的工作装置采用了 Z 形反转六连杆机构，使用了两个动臂油缸和一个转斗油缸。

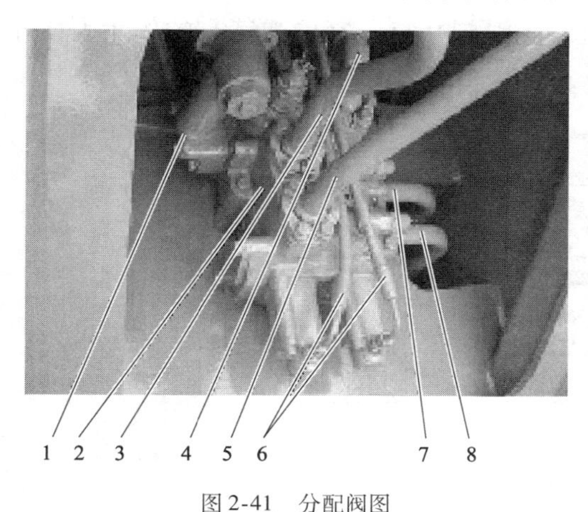

图 2-41　分配阀图

1-分配阀进油；2-分配阀；3-接转斗油缸大腔；4-分配阀回油；5-接转斗油缸小腔；6-接先导油路；7-接动臂油缸大腔；8-接动臂油缸小腔

图 2-42　动臂、转斗油缸图

动臂限位和铲斗放平控制装置安装在车架前部。其中，动臂磁铁和动臂接近开关分别安装在动臂与前车架铰接附近及前车架动臂翼箱内，如图 2-43 所示。而转斗磁铁和转斗接近开关则分别安装在转斗与摇臂的铰接处及转斗油缸上，如图 2-44 所示。

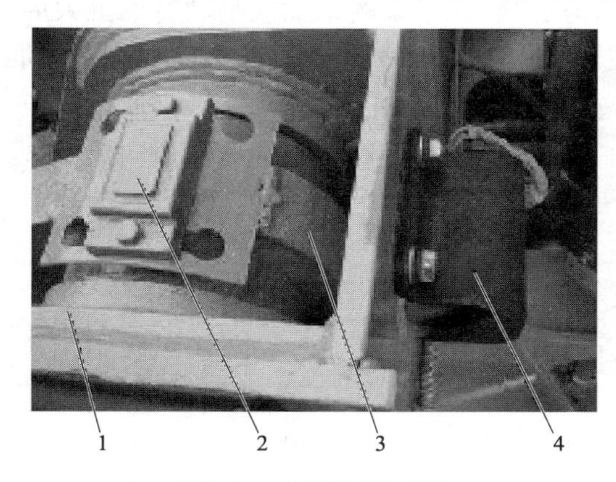

图 2-43　动臂限位装置图

1-前车架；2-动臂磁铁；3-动臂；4-动臂接近开关

图 2-44　转斗放平控制装置图

1-转斗油缸；2-转斗磁铁；3-转斗接近开关

二、装载机液压系统工作原理

1. 组合阀

在装载机先导液压系统中，组合阀主要用于向先导操纵阀供油，其组成主要包括了溢流阀、减压阀及单向阀。

溢流阀为先导型滑阀，如图 2-45 所示。其作用是调定先导液压系统中的工作压力。

先导泵来油的一部分从进油口 1 经油道 2 和节流孔 3 作用在锥阀阀芯 4 上，当油压升高并超过溢流阀调定压力时，油压克服调压弹簧 5 的作用力，推动锥阀阀芯向右移动，压力油经打开后的油口，通过油道 6 接回油口 7。此时，在节流孔 3 前后形成一个压力差，当溢流阀滑阀 9 两端的压力差足够大时，整个溢流阀滑阀 9 克服复位弹簧 8 的作用力向左移动。先导泵压力油溢流回油箱。

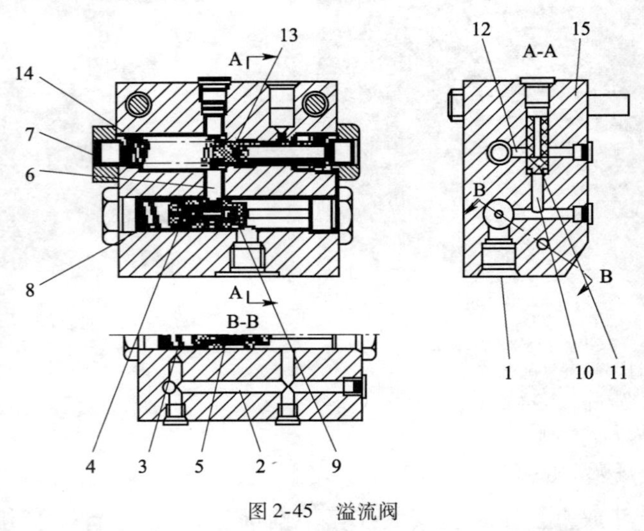

图 2-45　溢流阀

1-进油口；2-油道；3-节流孔；4-锥阀阀芯；5-调压弹簧；6-油道；7-油口；8-复位弹簧；9-溢流阀滑阀；10-油道；11-单向阀；12-油腔；13-滑阀阀芯；14-调压弹簧；15-阀体

减压阀为直动式滑阀，如图 2-45 所示。其作用是将先导泵的来油或是动臂油缸大腔的来油经减压阀降低压力后供往先导阀。当发动机熄火、动臂处于举升状态时，可利用动臂油缸大腔的压力油向先导油路提供油源。先导泵的压力油进入进油口 1 后，通过油道 10，克服复位弹簧作用力推开单向阀 11，进入油腔 12，通过滑阀阀芯 13 上孔，通向组合阀的出油口，向先导操纵阀供油。滑阀阀芯受调压弹簧 14 和出口油压的共同作用，因此滑阀阀芯在阀孔中的移动量与减压阀的输出油压成比例关系。

2. 先导操纵阀

先导操纵阀为叠加式两片阀，由动臂操纵阀和转斗操纵阀组成。动臂操纵阀中包含有两组计量滑阀组及一组顺序滑阀组，分别用于实现动臂的提升、下降及浮动三个动作。转斗操纵阀中包含有两组计量滑阀组，分别用于实现转斗的收斗及卸料两个动作。通过操纵先导操纵阀的动臂操纵手柄和转斗操纵手柄，可以控制动臂操纵阀和转斗操纵阀中各个滑阀组的动作。并且在各计量滑阀内，滑阀阀芯的位移与操纵手柄的操纵角度位移量成比例关系。操纵手柄的操纵角度越大，工作装置的动作速度也就越快。

（1）动臂操纵杆在中位时，如图 2-46 所示。

当动臂操纵手柄处于中位时，压销 2 和 46 在相同的弹簧 6 和 42 的力的作用下处于相同位置，并往上顶住压条 1。计量阀芯 16、25 处于中位，从油口 18、27 到进油油道 19 的通道是封闭的。分配阀动臂滑阀阀杆两端油腔内的油经通道 15、24 与回油油道 22 连通油箱。分配阀动臂滑阀阀杆在复位弹簧作用下处于中位。

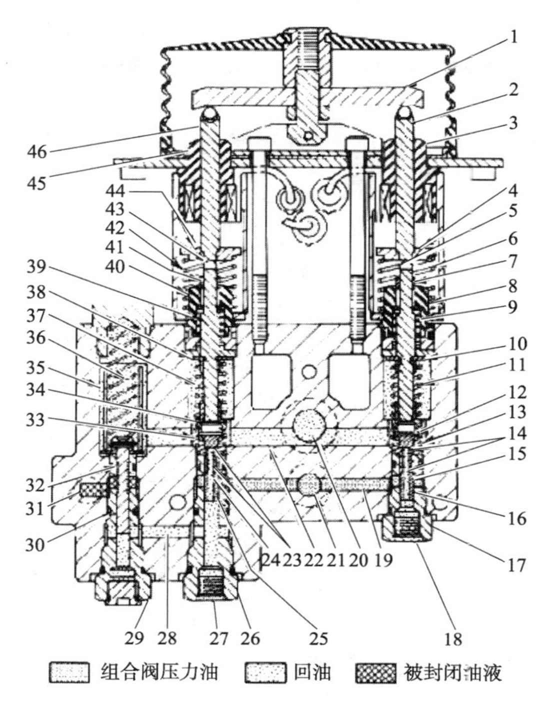

图 2-46　先导操纵阀的动臂联(中位)

1-压条;2-压销;3-电磁线圈组;4-压板;5-阀杆;6-弹簧;7-螺母;8-阀组;9-弹簧;10-弹簧座;11-计量弹簧;12-弹簧座;13-弹簧;14-阀孔;15-油道;16-计量阀芯;17-计量阀组;18-油口(动臂提升腔);19-进油油道;20-回油口;21-进油口;22-回油油道;23-阀孔;24-油道;25-计量阀芯;26-阀组;27-油口(动臂下降腔);28-油道;29-顺序阀组;30-顺序阀芯;31-油道;32-油道;33-弹簧;34-弹簧座;35-弹簧腔;36-弹簧;37-弹簧;38-弹簧座;39-弹簧;40-计量阀组;41-螺母;42-弹簧;43-阀杆;44-压板;45-电磁线圈;46-压销

(2)动臂操纵杆在提升位时,动臂操纵手柄向后被推向提升位置,压条1旋向右边,推动压销2向下移动,压板4克服计量弹簧11作用力,推动计量阀芯16向下移动。从组合阀通入的压力油从进油油道19经过阀孔14、油道15从油口18输出到分配阀动臂滑阀阀杆的提升端的油腔内,随着油腔内的压力升高,分配阀动臂滑阀阀杆移动,从工作泵输出的高压油经分配阀进入动臂油缸大腔。动臂油缸活塞杆伸出,实现动臂提升动作。而分配阀动臂滑阀阀杆的下降端油腔内的油通过先导操纵阀的油口27,经过计量阀芯25内油道24、阀孔23回到回油通道22。

随着动臂操纵手柄继续往提升位置的方向推动,计量阀芯16继续往下移动,阀孔14与阀体上孔间的开口变得更大,分配阀动臂滑阀阀杆的提升端油腔内的先导压力进一步升高,更高的先导油压将分配阀动臂滑阀阀杆与工作油口之间的开口变大,通往动臂油缸大腔的压力油流量增加,动臂提升速度加快。

当动臂操纵手柄完全推到提升位置时,压销46和压板44在弹簧42的作用下向上运动。当压板44接触到电磁线圈45时,电磁线圈45的磁性吸力将压板44吸住。此时,不需人力即可将动臂操纵手柄保持在提升位置,直到动臂操纵手柄被推离该位置或是动臂达到自动复位装置所调定的高度。

(3)动臂操纵杆在下降位时,参照动臂操纵杆在提升位的说明。

(4)动臂操纵杆在浮动位时,如图2-47所示。动臂操纵手柄越过下降位置,并继续向前推动时,动臂操纵手柄既可达到浮动位置。此时,弹簧6推动压板4向上运动并接触到电磁线圈3,电磁线圈3的磁性吸力将压板4吸住,动臂操纵手柄既保持在浮动位置。而另一侧的弹簧42由于被更进一步地压缩,计量阀芯25位置较下降位置时的开口更大,更高的先导压力油既可进入油道28,在克服弹簧36的作用力后,推动顺序滑阀阀芯30上移,打开通道31和32回到回油油道22。即此时的顺序滑阀组打开,将分配阀中的动臂滑阀小腔一侧中的单向阀弹簧腔的油通回到油箱,单向阀打开卸荷,动臂的油缸大小腔都接通油箱。在工作装置的自重作用下,动臂实现浮动下降。

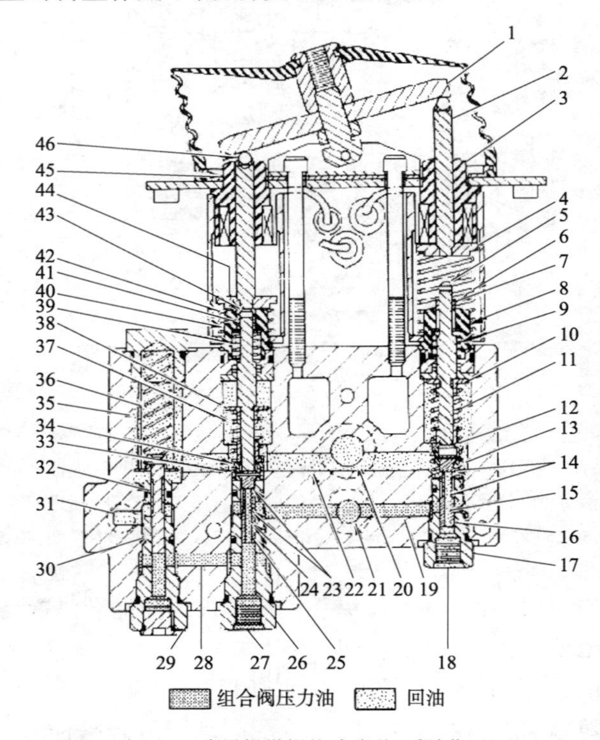

图2-47 先导操纵阀的动臂联(浮动位置)

1-压条;2-压销;3-电磁线圈组;4-压板;5-阀杆;6-弹簧;7-螺母;8-阀组;9-弹簧;10-弹簧座;11-计量弹簧;12-弹簧座;13-弹簧;14-阀孔;15-油道;16-计量阀芯;17-计量阀组;18-油口(动臂提升腔);19-进油油道;20-回油口;21-进油口;22-回油油道;23-阀孔;24-油道;25-计量阀芯;26-阀组;27-油口(动臂下降腔);28-油道;29-顺序阀组;30-顺序阀芯;31-油道;32-油道;33-弹簧;34-弹簧座;35-弹簧腔;36-弹簧;37-弹簧;38-弹簧座;39-弹簧;40-计量阀组;41-螺母;42-弹簧;43-阀杆;44-压板;45-电磁线圈;46-压销

(5)转斗操纵杆在中位时,如图2-48所示。参照动臂操纵杆在中位时的说明。

(6)转斗操纵杆在卸料位时,参照动臂操纵杆提升位的说明。

(7)转斗操纵杆在收斗位时,参照动臂操纵杆提升位的说明。

3.分配阀

分配阀为串并联式整体式两联阀,主要由阀体、动臂滑阀、转斗滑阀、主溢流阀、转斗大腔过载阀、转斗小腔过载阀以及各单向阀组成。转斗滑阀和动臂滑阀的进油油道为串联结构,转斗滑阀具有优先权,当转斗滑阀工作时,动臂滑阀不能同时工作。而转斗滑阀和动臂滑阀的回油油道则为并联结构，两滑阀可同时实现回油。两滑阀均为三位六通滑阀。转斗滑阀中包含有转斗的卸料、中位、收斗三个位置。动臂滑阀中包含有动臂的下降、中位、提升三个位置。动臂的浮动是通过与先导操纵阀的共同作用在动臂滑阀的下降位置实现的。两组滑阀的动作是通过操纵先导操纵阀的操纵手柄，利用先导操纵阀输出的先导压力油进行控制的。

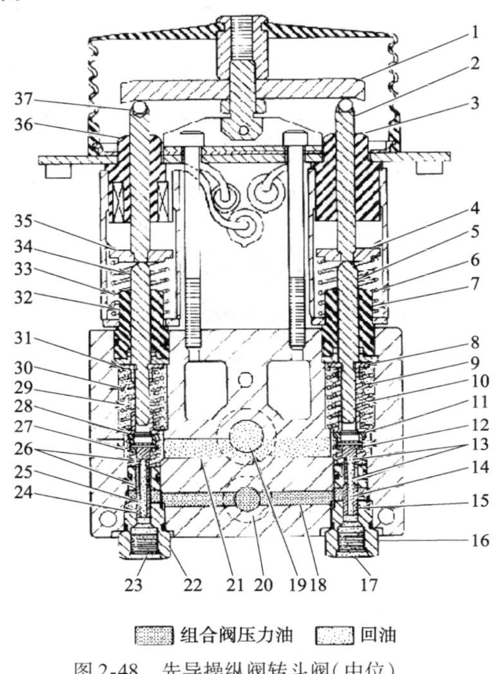

组合阀压力油　回油

图2-48　先导操纵阀转斗阀（中位）

1-压条；2-压销；3-电磁线圈组；4-压板；5-阀杆；6-弹簧；7-螺母；8-弹簧座；9-弹簧；10-弹簧；11-弹簧座；12-弹簧；13-阀孔；14-油道；15-计量阀芯；16-计量阀组；17-计量阀组；18-进油油道；19-回油口；20-进油口；21-回油油道；22-计量阀组；23-油口（转斗收斗腔）；24-计量阀芯；25-油道；26-阀孔；27-弹簧 28-弹簧座；29-弹簧；30-弹簧；31-弹簧座；32-阀组；33-弹簧；34-阀杆；35-压板；36-电磁线圈组；37-压销

（1）转斗滑阀在中位时，分配阀转斗滑阀阀杆两端没有先导压力油，转斗滑阀阀杆在弹簧2的作用下处于中位。工作泵的来油经进油通道10进入油道7，向动臂滑阀联供油。此时，转斗油缸大小腔两端接分配阀的两个工作油道5和6被转斗滑阀阀杆封闭，转斗油缸保持不动。如果此时动臂滑阀阀杆也处于中位，则工作泵的来油经油道14和13，连通分配阀的回油通道15。

（2）转斗滑阀在收斗位时，如图2-49所示。操纵转斗操纵手柄向收斗位置动作，先导压力油进入转斗滑阀阀杆收斗腔1内。而滑阀阀杆卸料腔12内的油则经先导操纵阀连通回油。滑阀阀杆在油压的作用下，克服弹簧2的作用力，向右移动，打开连通转斗油缸大腔的工作油道6与油道7的开口。工作泵的压力油在顶开单向阀9后，通过油道7，进入转斗油缸大腔。而转斗油缸小腔的油液则通过油道5，经油道13连通阀回油道15回油箱。转斗油缸活塞杆伸出，转斗实现收斗动作。

当转斗滑阀阀杆向右移动，并达到最大收斗位置时，工作泵的压力油无法进入动臂滑阀，动臂无法工作。

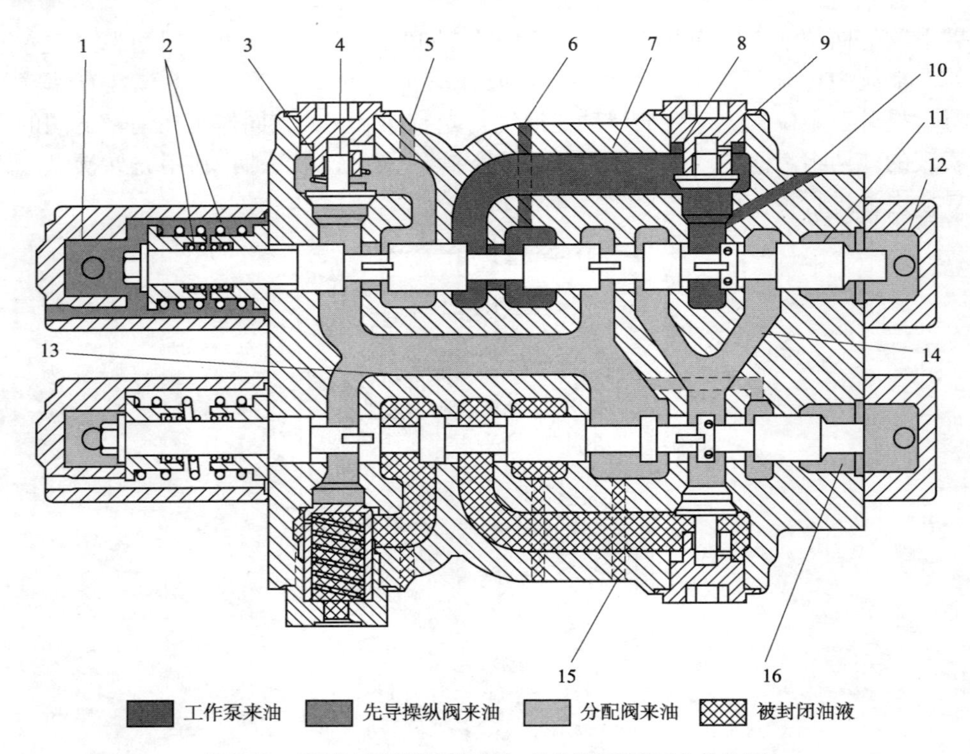

图 2-49　分配阀(动臂滑阀杆中位,转斗滑阀杆处于收斗位置)

1-转斗滑阀阀杆收斗腔;2-弹簧;3-弹簧;4-接转斗油缸小腔的单向阀;5-油道(通转斗油缸小腔);6-油道(通转斗油缸大腔);7-油道;8-弹簧;9-转斗联进油单向阀;10-工作泵进油通道;11-转斗滑阀阀杆;12-转斗滑阀阀杆卸料腔;13-油道;14-油道;15-分配阀回油通道;16-动臂滑阀阀杆

(3)转斗滑阀在卸料位时,操纵转斗操纵手柄向卸料位置动作,先导压力油进入转斗滑阀阀杆的卸料腔 12 内。而滑阀阀杆的收斗腔 1 内的油则经先导操纵阀连通回油。滑阀阀杆在油压的作用下,克服弹簧 2 的作用力,向左移动,打开连通转斗油缸小腔的工作油道 5 与油道 7 的开口。工作泵的压力油在顶开单向阀 9 后,通过油道 7,进入转斗油缸小腔。而转斗油缸大腔的油液则通过油口 6,经油道 13 通过阀回油通道 15 回油箱。转斗油缸活塞杆缩回,转斗实现卸料动作。在卸料过程中,如果活塞杆缩回的速度大于工作泵输出流量所能提供的速度,分配阀内与转斗油缸小腔连通的单向阀 4 在克服弹簧 3 的作用力后打开,使得油箱内的油经油道 13 向转斗小腔供油,以避免油缸内气穴的发生。

当转斗滑阀阀杆向左移动,并达到最大卸料位置时,工作泵的压力油无法进入动臂滑阀,动臂无法工作。

(4)动臂滑阀在中位时,在转斗滑阀不工作的情况下,当分配阀动臂滑阀阀杆两端 17 和 27 没有先导压力油时,动臂滑阀阀杆在复位弹簧 18 的作用下处于中位。工作泵的来油经进油通道 10 经转斗滑阀后,进入油道 14,向动臂滑阀供油。此时,动臂油缸大小腔两端接分配阀的两个工作油道 23 和 22 被动臂滑阀阀杆封闭,动臂油缸保持不动。工作泵来油经油道 14 和 13,连通分配阀的回油通道 15。

(5)动臂滑阀在提升位时,如图 2-50 所示。在转斗滑阀不工作的情况下,当操纵动臂操纵手柄向提升位置动作时,先导压力油进入动臂滑阀阀杆的提升端油腔 17 内。而动臂滑阀阀杆的下降端油腔 27 内的油则经先导操纵阀连通回油。动臂滑阀阀杆在油压的作用下，克服阀杆复位弹簧 18 的作用力，向右移动，打开连通动臂油缸大腔的工作油道 23 与油道 24 的开口。工作泵的压力油在顶开单向阀 25 后，通过油道 24，进入动臂油缸大腔。而动臂油缸小腔的油液则通过油道 22，经油道 13 通过阀回油通道 15 回油箱。动臂油缸活塞杆伸出，动臂实现提升动作。

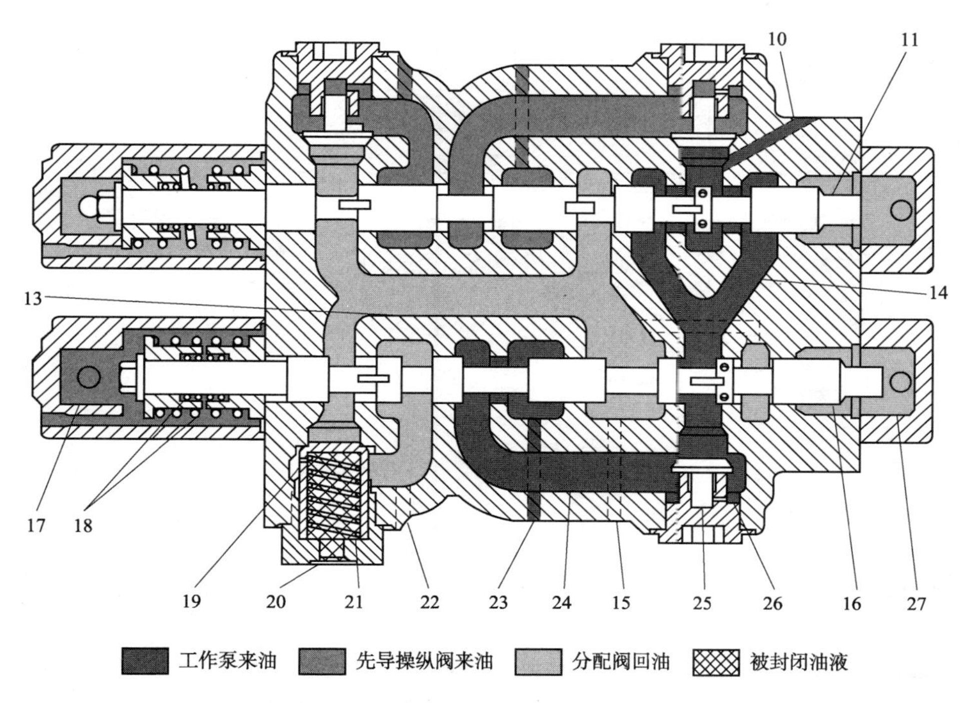

图 2-50　分配阀（动臂滑阀杆在提升位置，转斗滑阀杆在中位）

10-工作泵进油通道；11-转斗滑阀阀杆；13-油道；14-油道；15-分配阀回油通道；16-动臂滑阀阀杆；17-动臂滑阀杆提升腔；18-弹簧；19-接动臂油缸小腔的单向阀；20-接先导操纵阀浮动油口；21-弹簧 22-油道（通动臂油缸小腔）；23-油道（通动臂油缸大腔）；24-油道；25-动臂联进油单向阀；26-弹簧；27-动臂滑阀杆下降腔

（6）动臂滑阀在下降位时，在转斗滑阀不工作的情况下，当操纵动臂操纵手柄向提升位置动作时，先导压力油进入动臂滑阀阀杆下降腔 27 内。而动臂滑阀阀杆提升腔 17 内的油则经先导操纵阀连通回油。动臂滑阀阀杆在油压的作用下，克服阀杆复位弹簧 18 的作用力，向左移动，打开连通动臂油缸小腔的工作油道 22 与油道 24 的开口。工作泵的压力油在顶开单向阀 25 后，通过油道 24，进入动臂油缸小腔。而动臂油缸大腔的油液则通过油口 23，经油道 13 通过阀回油通道 15 回油箱。动臂油缸活塞杆收回，动臂实现下降动作。

（7）动臂滑阀在浮动位置时，如图 2-51 所示。当操纵动臂操纵手柄从下降位置继续向前动作时，先导操纵阀的动臂操纵顺序阀组打开。动臂滑阀中接动臂小腔的单向阀弹簧腔的油通过先导操纵阀回到油箱。动臂滑阀阀杆的位置与下降时是相同的，工作泵来油及动臂小腔的油经过油道 13 连通分配阀回油口，而动臂油缸大腔则因为动臂滑阀阀杆处于下降位，同时接通回油口，此时动臂油缸大小腔都接通油箱。在工作装置自重作用下，动臂实现浮动工作。

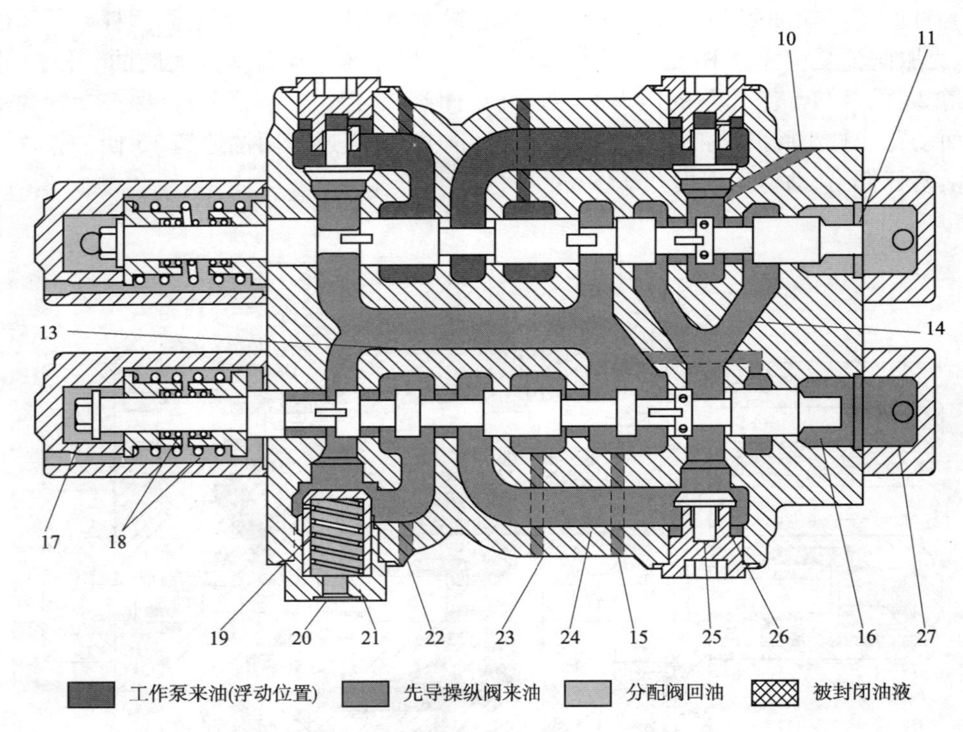

图 2-51 分配阀(动臂滑阀杆下降及浮动位置,转斗滑阀杆中位)

10-工作泵进油通道;11-转斗滑阀阀杆;13-油道;14-油道;15-分配阀回油通道;16-动臂滑阀阀杆;17-动臂滑阀杆提升腔;18-弹簧;19-接动臂油缸小腔的单向阀;20-接先导操纵阀浮动油口;21-弹簧;22-油道(通动臂油缸小腔);23-油道(通动臂油缸大腔);24-油道;25-动臂联进油单向阀;26-弹簧;27-动臂滑阀杆下降腔

4. 进油单向阀

进油单向阀用于防止动臂或转斗油缸内油液的回流,以避免油缸的点头。例如,当转斗滑阀阀杆进行收斗动作时,工作泵来油推开单向阀 9 进入油道 7,进入转斗油缸大腔。如果工作泵的输出油压与转斗油缸大腔相比为低,单向阀在转斗油缸大腔油压以及单向阀弹簧 8 的作用下关闭,保持转斗油缸大腔的封闭。以防止转斗油缸的缩回,避免转斗的倾翻。

5. 补油单向阀

在转斗滑阀接转斗油缸小腔和动臂滑阀接动臂油缸小腔中分别有一补油单向阀。例如,当转斗油缸活塞杆缩回的速度大于工作泵输出流量所能提供的速度时,转斗油缸小腔中的压力要小于油箱中的压力,此时单向阀向上移动并打开。从油箱中的来油经油道 13 向转斗油缸小腔补充油液,以确保转斗油缸中油液的充足,避免在油缸中产生气穴。即使当转斗油缸不工作时,如果转斗油缸遭受外力的冲击,油缸小腔的补油也可以实现。

在动臂下降过程中,补油单向阀 19 与补油单向阀 4 的作用一样。而在浮动操纵当中,补油单向阀 19 的作用可以参考动臂滑阀在浮动位的动作说明。

6. 主溢流阀

在整体式分配阀的进油油道上,集成有控制整个工作液压系统压力的溢流阀,如图 2-52所示。该溢流阀为先导型溢流阀,其压力设定值即为装载机的工作液压系统的最高系统压力。在液压系统工作时,工作泵的压力油经主溢流阀进口1,并通过阀芯2上的节流孔作用在锥阀阀芯3上。当工作液压系统压力升高并达到主溢流阀所调定的压力时,工作泵油压将克服调压弹簧10的作用力,推动锥阀阀芯3向右移动,使液压油经回油油道8回油箱。这时,工作泵油压克服复位弹簧9的作用力,推动阀芯2向右移动。溢流阀开启,工作泵压力油经回油出口7溢流回油箱,工作泵的输出油压将被限定在该阀的调定压力或调定值以下。

通过增加或减小先导阀芯上的初始弹簧压量,可以增大或降低主溢流阀的调定压力。

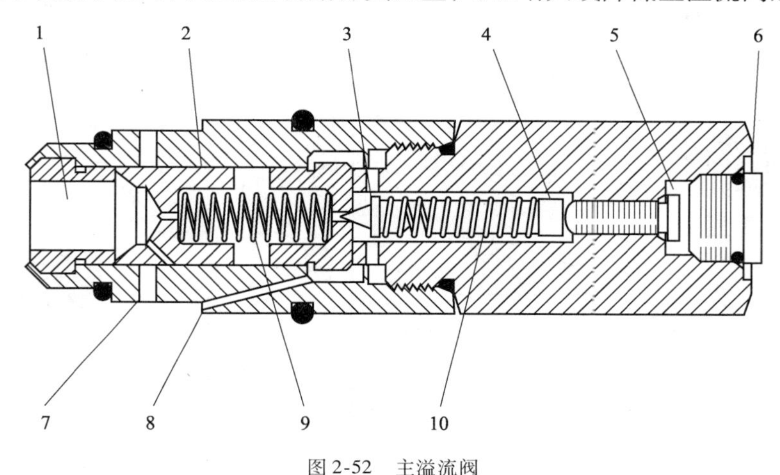

图2-52　主溢流阀

1-进油口;2-阀芯;3-锥阀阀芯;4-挡片;5-调压螺杆;6-螺塞;7-回油出口;8-回油油道;9-复位弹簧;10-调压弹簧

7.过载阀

分配阀转斗滑阀中,在接转斗油缸大腔和小腔处各安装有一组直动型插装式过载阀。其结构虽然与主溢流阀不同,但其作用却是近似的。压力油直接作用在滑阀阀芯上,当油压升高并足够克服调压弹簧的作用力时,滑阀阀芯移动,压力油连通回油。

当分配阀转斗滑阀处于中位时,转斗油缸大、小腔所接通的过载阀限制了转斗油缸内的最高压力。当有外力作用在转斗油缸上,若在油缸内部形成的压力高于过载阀的调定压力值时,过载阀将打开,将油缸的受压油腔接通油箱,进行回油,转斗油缸的活塞即可运动,避免压力过高损坏液压元件。

8.先导油切断电磁阀

先导油切断电磁阀主要作用是在非工作状态下可切断先导油源,此时先导阀的操作将不起任何作用。在非工作状态下(如维修或测量),必须将先导油切断电磁阀置于切断位置(即将该阀的开关拨到"OFF"位置),以防误操作。

第六节　电气系统的构造及工作原理

装载机电气系统是装载机的重要组成部分,它供给装载机使用的电源,保证发动机的起动、熄火,以及全车照明和其他辅助设备的工作。它对提高装载机的机动性、经济性、安全性起着重要的作用。

装载机电气设备可分为电源和用电设备两大部分，如图2-53所示。电源部分包括蓄电池、发电机和调节器；用电部分包括起动装置、熄火装置、照明装置和辅助装置。

图2-53　装载机电气设备组成图

一、装载机电气系统概述

1. 电气系统的组成及功用

装载机电气系统的组成及功用，见表2-19。

电气系统的组成及功用表　　表2-19

序　号	组　　成		功　　用
1	电源部分	蓄电池	用于发动机起动、起动前及起动后怠速较低时全车照明及其他用电；发动机处于中速及高速运转时，储存电能
		发电机（包括发电机调节器）	发电机是将机械能转变成电能的装置。它是工程机械的主要电源，由发动机驱动。工作时对除起动机以外的一切用电设备供电，并向蓄电池充电
2	起动部分	起动机	用于起动发动机
3	仪表及报警装置	制动气压表，变速压力表、工作计时表、发动机水表、变矩器油温表，车速表；机油压力、制动气压、充电等报警灯	显示机械运行状态，为操作工和维修人员提供信息参考

续上表

序　号	组　成		功　用
4	照明及信号装置	前照灯、后照灯。灯光信号装置:转向信号灯、示宽灯、制动灯、倒车灯、仪表灯、旋转警示灯、停车灯	照明设备是为了便于机械在夜间行使及安全作业。灯光信号装置分为车外及车内两种,用于提醒机械周围的人员注意安全
5	控制部分	控制开关	起动、用电设备的手动控制,开关信号的采集
		继电器	利用继电器小电流控制大电流的原理
		先导控制系统	实现动臂举升的限位、铲斗自动放平、浮动功能等。主要是利用动臂及铲斗附近的接近开关采集信号控制先导电磁阀
		变速控制系统(ZF 变速器)	挡位切换采用手柄电信号控制电磁阀实现挡位的平稳过渡

2. 装载机电气系统特点

(1)低电压,额定电压一般为 12V 或 24V,有些工程机械的电气系统两种共存,以便向不同额定电压的电器供电。

(2)直流电系,装载机发动机是靠电力起动机起动的,它是直流串励式电动机,必须由蓄电池供电,而蓄电池充电也必须是直流电,所以装载机电气系统是直流系统。

(3)单线制,单线制是指装载机从电源到用电设备只用一根导线连接,而用机架、发动机等金属机体作为另一公共导线。采用单线制的优点是节省导线、线路清晰、安装和检修方便。

3. 搭铁方式

采用单线制时,蓄电池的一个电极必须接到公共导线上,俗称搭铁,若负极接公共导线则称为负极搭铁,反之为正极搭铁,我国规定工程机械为负极搭铁。

二、装载机主要电气元件的作用

1. 蓄电池

(1)蓄电池的作用。

蓄电池是一种化学能源,它既能把电能转变成化学能储存起来,也能把化学能变成电能提供给用电设备。前一过程称为蓄电池的充电,后一过程成为蓄电池的放电。蓄电池是可逆的直流电源。

蓄电池的型号含义:例如 6-QA-120 表示 6 个单格,额定电压为 12V,起动用干荷电式铅蓄电池,额定容量为 120A·h(安·时)。额定容量:保证铅蓄电池在一定放电条件下,应该释放出的最低限度的容量。我国规定 20h 放电率的条件是:放电时间为 20h,电解液的初始温度为 25℃ ±5℃,密度为 $1.28g/cm^3 \pm 0.01g/cm^3$(25℃),放电终止电压为 1.75V 条件下的放电容量。蓄电池的作用见表 2-20。

蓄电池作用表 表2-20

序号	作用
1	发动机起动期间,向起动机、点火系统、电子燃油喷射和其他电气设备供电
2	当发动机没有运转或处于低速或怠速时,蓄电池向整车用电设备供电
3	当电气设备用电量超过整车充电系统的输出时,蓄电池可以在有限的时间内供电
4	蓄电池存电不足时,可将发电机的电能转变为化学能储存起来
5	蓄电池可以稳定整车电气系统的电压,保护电路中电子元件不被破坏

(2)蓄电池的使用与维护。

①电量检查。

检查蓄电池的状态指示器(电眼),其电量状态见表2-21。

蓄电池电量状态表 表2-21

序号	电眼颜色	状态
1	绿色	蓄电池电量充足,可以正常起动车辆
2	黑色	蓄电池电量不足,蓄电池需补充电
3	白色	蓄电池报废,需更换

②蓄电池的安装。

蓄电池的安装要求,见表2-22。

蓄电池的安装要求 表2-22

序号	要求	序号	要求
1	蓄电池倾斜不要超过40°	4	禁止将电眼呈黑色的蓄电池装车
2	禁止将蓄电池倒置或侧向放置	5	禁止将漏液的蓄电池装车
3	在安装前检查电眼,确认电眼为绿色	6	安装时禁止对端柱敲击、扭动

③蓄电池的简易故障判定方法。

蓄电池的简易故障判定方法,见表2-23。

蓄电池的简易故障判定方法 表2-23

序号	检查内容		原因	处理方法
1	外壳	破损	蓄电池外壳碰损	换新
			安装不当	
		烧损	端柱电线接头松动或接触不良	换新
			外部短路	
		爆裂	内部短路	换新
			电解液位过低,内部产生火花	
			排气孔阻塞	
		变形	过充电	换新
			过大电流充电	
			排气孔阻塞	
2	电池漏酸		外力碰击,致塑料壳受损	换新
			电池倒置或倾斜过大	
			热封不良	
3	极桩熔损		外部短路	整修或换新
			接触不良	
			焊接不良	

2. 发电机

(1)硅整流发电机的基本组成。

硅整流发电机一般由转子总成、定子总成、整流器总成、皮带轮和风扇等组成,如图2-54所示。

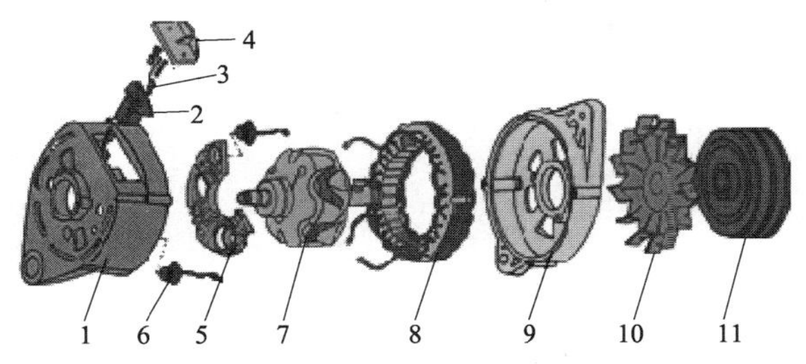

图2-54　发电机结构组成

1-后端盖;2、3、4-炭刷及炭刷架;5-整流板;6-二极管;7-转子;8-定子总成;9-前端盖;10-风扇;11-皮带轮

①转子的作用是产生旋转磁场。

②定子的作用是产生三相交流电。

③整流器用于将交流电转变为直流电输出。

(2)交流发电机的工作原理,如图2-55所示。

电磁感应:导体不断切割磁力线而产生电动势。交流发电机就是把通电线圈所产生的磁场在发电机中旋转,使其磁力线切割定子线圈,在线圈内产生交变电动势。转子不停地旋转,感应电动势的大小和方向随时间做周期性变化而产生交变电动势和交变电流。由于磁场的磁感应强度近似于正弦分布,交流发电机的电动势也按正弦规律变化。

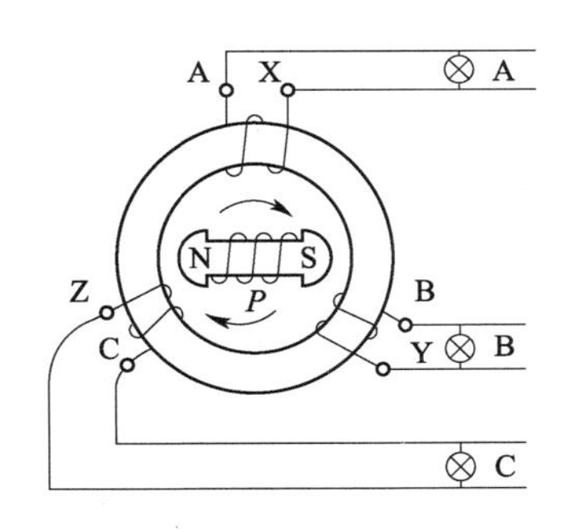

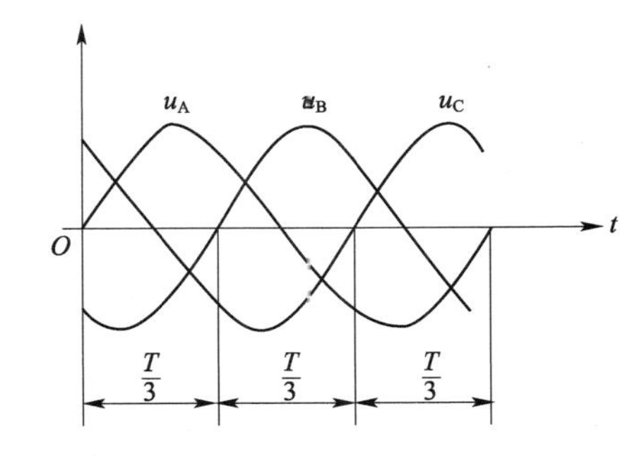

图2-55　电磁感应原理图

(3)整流原理,如图2-56所示。

定子绕组感应出的交流电,经过硅二极管组成的整流器整流后变成直流电,硅二极管具有单向导电性,二极管加上正向电压导通即呈现低电阻状态,允许电流通过;当给二极管加一反向电压时,则截止,即呈现高电阻状态,不允许电流通过。利用硅二极管的这种单向导电性能将交流电变成直流电,即整流。

(4)发电机接线柱的功能。

发电机接线柱的结构如图2-57所示,发电机接线柱的功能见表2-24。

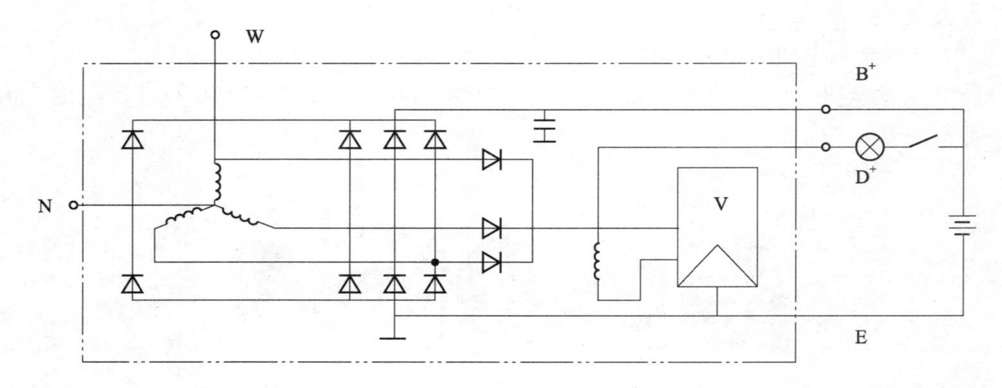

图 2-56 交流发电机整流原理图

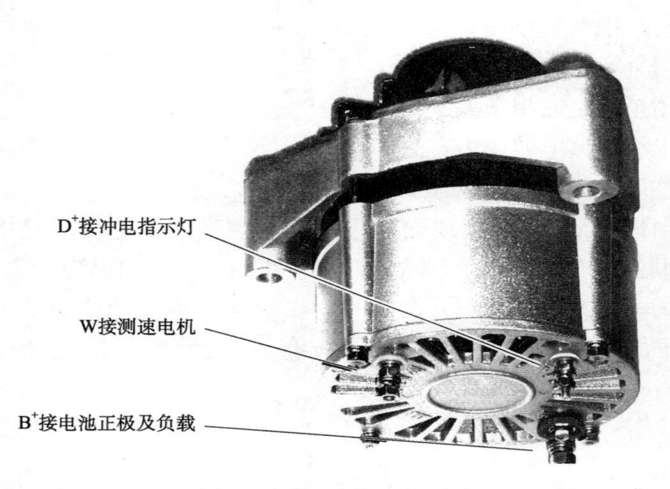

图 2-57 发电机接线柱结构图

发电机接线柱的功能 表 2-24

序号	接线柱名称	功能
1	B^+	为蓄电池充电，为车上的用电器提供电流
2	D^+	接充电指示灯，起动机保护继电器、空调保护继电器，输出功率不超过 1A
3	W	可作为转速表（小时计）信号，可接交流继电器
4	N	中性点输出端，输出 14V，近似直流电。可接直流继电器，也可作为转速表信号

3. 起动机

(1)起动机的组成。

起动机一般由电动机、传动机构、控制装置三部分组成，如图 2-58 所示。

①电动机。

产生电磁转矩以克服发动机起动阻转矩。

②传动机构。

安装在电动机轴的花键上，由驱动齿轮、单向离合器、拨叉组成。其作用为当发动机起动时，使起动机驱动齿轮与飞轮齿圈啮合，将起动机转矩传递给发动机曲轴；发动机起动后，又使起动机驱动齿轮自动打滑并最终与飞轮齿圈脱离。

③控制装置。

通常安装在起动机的上部，用来控制起动机主电路的通断及传动机构的工作。

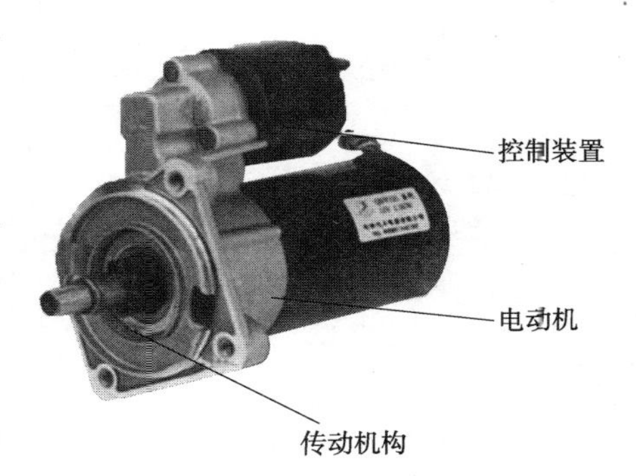

图 2-58　起动机组成

(2)起动过程的几个参数。

①吸拉电流值。

起动机开始起动的瞬间，吸拉电流值可达到70A，持续几十毫秒后电流值为40A 左右。

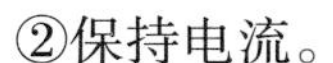
②保持电流。

当拨叉拨到一定程度后，只有保持电流的存在，电流不大于1A。

③电动机起动瞬间尖峰电流。

电动机起动瞬间尖峰电流为1360A，持续时间为8 ~ 10ms，之后工作电流维持在300 ~ 400A 的工作电流。

第三章　装载机的安全操作技术

学习目标

1. 能正确识别装载机驾驶室内的仪表和操纵装置；
2. 能叙述清楚装载机基本操作的步骤；
3. 能描述装载机操作工的岗位责任；
4. 能叙述装载机的管理制度和劳动纪律；
5. 能简述装载机的安全操作规程；
6. 能简述装载机安全操作的注意事项。

第一节　装载机的驾驶与基本操作

一、装载机的仪表及操纵装置

装载机操作工在驾驶装载机之前，必须熟悉驾驶室内的仪表和操纵装置。这些仪表和操纵装置因车型各异，但其功用和使用方法基本相似。为了准确无误地使用装载机进行作业，下面以厦门工程机械股份有限公司制造的 ZL50 装载机为例做简要图示介绍，其仪表与操纵台示意图如图 3-1 所示，操作简图如图 3-2 所示，各仪表和操纵装置的功用见表 3-1。

装载机各仪表及操纵装置的功用表　　表 3-1

序　号	名　称	功　能
1	柴油机停车拉手	使发动机停止供油而熄火
2	铲斗油缸操纵杆	控制铲斗外翻和内翻，并可自动回中位
3	动臂油缸操纵杆	控制动臂提升、停止（中位）、下降和浮动
4	转向指示灯开关	左、中、右
5	加速踏板	控制发动机转速

续上表

序　号	名　称	功　能
6	发动机起动按钮	控制起动机起动:按下起动,松开停止起动
7	气压表	指示制动系统储气罐充气压力,正常指示压力为0.67～0.69MPa
8	电锁	控制电路通断
9	变速器压力表	指示换挡操纵阀出油压力,正常工作压力1.18～1.57MPa
10	计时表	工作小时数
11	变矩器油温表	指示变矩器油工作温度,温度最高位不得超过120℃
12	转向指示灯	转向显示(左、右)
13	熔断器	电路保险
14	发动机水温表	显示发动机冷却水(回水口)温度
15	发动机油温表	显示发动机油底壳内机油温度
16	电流表	电量指示:(－)表示蓄电池放电,(＋)表示蓄电池充电
17	机油压力表	发动机主油道机油压力
18	顶灯开关	驾驶室夜间照明
19	仪表灯开关	仪表照明
20	后照灯、前照灯、雾灯开关	夜间工作照明,雾天安全照明
21	制动踏板	控制机械减速或停止
22	变速操纵杆	通过液压系统控制两个前进挡和一个倒挡
23	驻车制动操纵杆	驻车制动:往上拉制动停车,往下推制动释放
24	电源总开关	控制整车总电源通断
25	前、后桥驱动操纵杆	往前推,脱开后桥驱动,仅前桥工作,适用于公路上行驶时使用。作业时往后拉,使前、后桥同时驱动
26	选择阀开关	机械在上坡或下坡行驶作业,此阀处于关闭状态,制动时不改变变速阀油路;机械在正常行驶及作业,此阀处于开启状态,制动时将改变变速阀油路,使之处于空挡

二、装载机的基本操作

装载机的基本操作内容、步骤以及正常使用的主要数据,见表3-2、表3-3。

装载机的基本操作内容及步骤表　　表3-2

项　目	操　作　步　骤
驾驶前准备	1.安全驾驶常识、设备使用说明书的学习,按要求机况检查; 2.起动前的准备; 3.周围环境检查及障碍物清除等

续上表

项　目	操　作　步　骤
发动机起动	1. 起动前应将变速器操纵杆置于中间位置，推下驻车制动杆，接通电源开关，微踩下加速踏板，按下起动按钮。一次按下起动按钮时间不得超过5s，5s内如不能起动，应立即放开按钮，停歇3～5min后，再做第二次起动，如连续3～4次仍无法起动，则应检查原因后，再起动； 2. 起动后应使发动机在低速，中速和额定转速下进行预热，并密切观察仪表的指示
驾驶姿势	1. 正确的驾驶姿势不仅能减轻操作工的疲劳程度，还便于瞭望车辆各方位的情况，便于观察仪表和运用各操纵杆件，有利于安全、持久、灵活地驾驶装载机； 2. 操作工上车后，身体对正转向盘坐稳，头部端正，两眼平视，座位高低调整到以左脚操纵制动踏板时能自然踩到底为准。左脚经常放在制动踏板的左下方，以便快速操纵制动踏板，右脚放在加速踏板上，驾驶时应保持精力充沛、思想集中和操纵松弛自如的姿势。工作时，一手握转向盘，一手握操纵手柄，两眼注视前方，根据需要及时准确地进行操纵
变速	1. 低速挡转矩大，速度慢，适宜起步、上坡和作业时使用。高速挡适用于运距较长或道路平坦情况下使用； 2. 行驶时，根据路况及时调整转向盘，保持正确的行驶方向，通过控制加速踏板和换挡调整车速，且换挡时应平稳拨动变速杆； 3. 变速器操纵杆由1挡加到2挡时，可直接加挡；改变行车方向时，必须在停车后进行
动臂升降	操作工根据作业要求，操纵动臂操纵杆向后拉，动臂上升；动臂操纵杆处于中位位置，动臂停止动作；向前推，动臂下沉，继续向前推，动臂浮动（随地面高低浮动）
铲斗翻转	操纵铲斗操纵杆向后拉铲斗内翻转；操纵杆回中位，铲斗停止翻转；向前推，铲斗外翻转
停机	1. 踩下制动踏板，使装载机停车，拉动驻车制动杆，将变速操纵杆置于中位，将铲斗平放落地； 2. 逐渐降低发动机转速至怠速，运转几分钟后，拉动熄火拉钮，使发动机熄火，然后断开电源总开关； 3. 坡道上停车时，应在轮胎的后（或前）方垫上楔形防滑物

装载机正常使用的主要数据　　表3-3

部位名称	技　术　标　准
发动机	1. 正常工作水温：80～90℃； 2. 机油温度：45～80℃； 3. 机油压力表读数：正常工作时0.08～0.45MPa
变速器变矩器	油压：1.00～1.57MPa； 最高油温≤110℃
制动系统	最低气压：0.44MPa； 工作气压：0.64～0.76MPa
电流表指示	发动机起步时，指针向左（－）摆动表示蓄电池放电；指针向右（＋）摆动表示发电机向蓄电池充电，且充电电流不应>10A

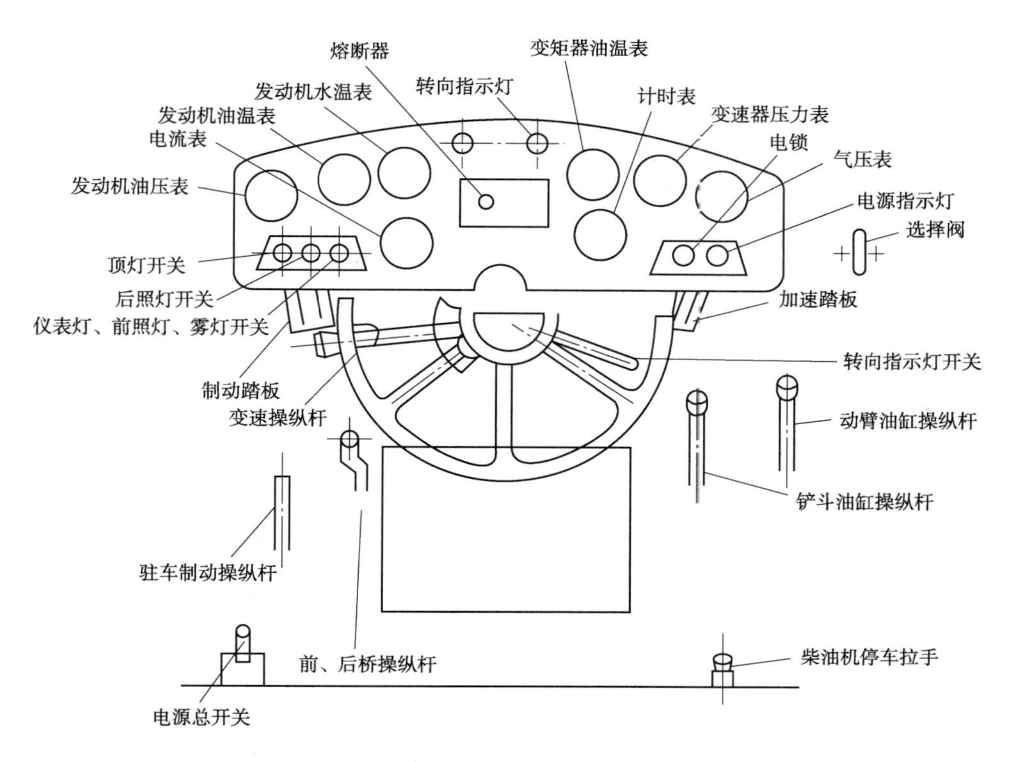

图 3-1　仪表与操作台

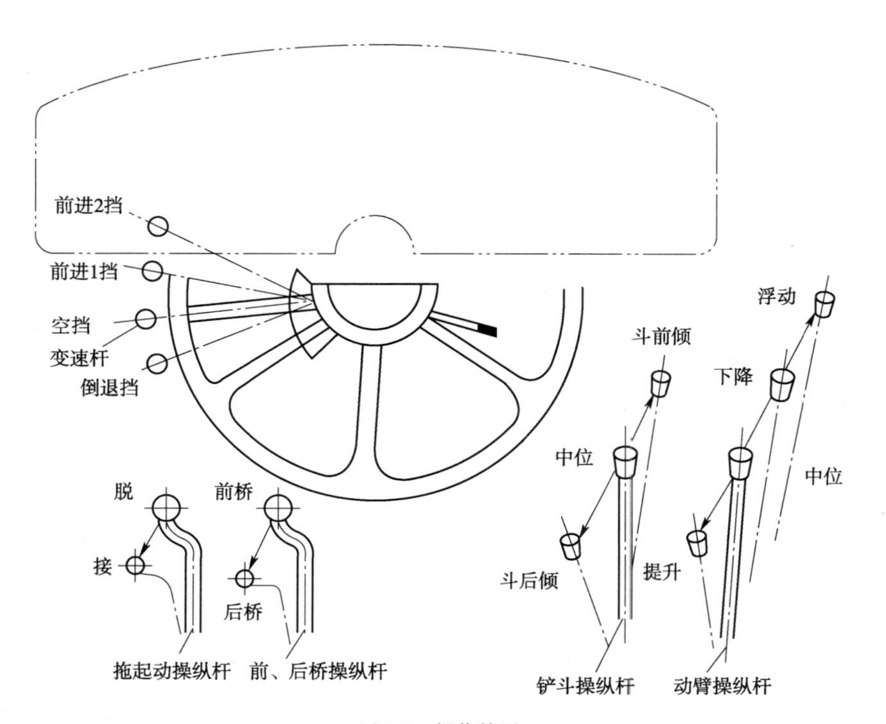

图 3-2　操作简图

三、使用装载机的注意事项

(1)使用和操作装载机之前,必须熟读与该型号装载机有关的各种技术文件和资料,了解机械的性能与结构特点。掌握每根操纵杆和操纵手柄及各种仪表的位置和作用,以便合理使用,提高使用寿命和劳动生产率。

(2)使用的柴油必须干净并经过72h的沉淀,柴油牌号应符合规定的质量要求。

(3)变速器、变矩器、液压系统、柴油机等必须按《使用说明书》的要求使用清洁油品。

(4)发动机起动后,先空运转,待水温达到55℃及气压表达到4.5MPa后再起步行驶。

(5)一般气温5℃以下时,发动机起动前应用热水或用蒸汽进行预热,待预热到30~40℃时再起动。

(6)山区行驶可接通拖起动操纵杆,以防止发动机熄火及保证液压转向,拖起动必须正向行驶(ZL50装载机可接通“三合一”的机构操纵杆)。

ZL50装载机在3°~4°的长坡道上向下运行时,可采用排气制动。先接通“三合一”操纵杆,此时,发动机熄火,由车轮带动发动机起制动作用。需停止排气制动时,可打开停车操纵杆,靠机械惯性再起动发动机。

(7)高速行驶用两轮驱动,低速铲装用四轮驱动,接脱后驱动桥时,必须在停车后进行。

(8)当操纵动臂与转斗达到需要位置后,应使操纵阀杆置于中间位置。

(9)作业时发动机水温不超过90℃、变矩器油温不超过120℃,由于重载作业使油温超过允许值时应停车冷却。

(10)不得将铲斗提升到最高位置运输物料,运载物料时应保持动臂下交点离地400~500mm,以保证稳定行驶。

第二节　装载机的安全操作技术

装载机构广泛应用于公路、铁路、矿山、建筑、水电、港口等工程建设中,所以装载机的安全生产是一个综合的系统工程,不仅涉及施工的组织和技术,还涉及机械本身的安全和操作的安全。施工人员及操作工必须遵守有关安全制度,落实有关安全生产法规,同时建立安全生产组织和网络,在多机械、多工种施工作业中,加强管理,正确操作和使用装载机,严格按照机械的操作规程进行施工作业是操作工必须遵守的准则,也是管理人员及技术人员需要掌握的法规,是有关管理部门分析事故的依据。

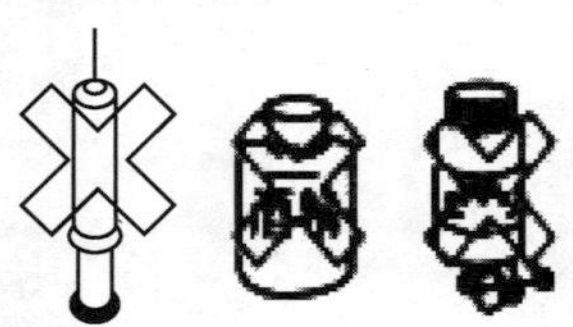

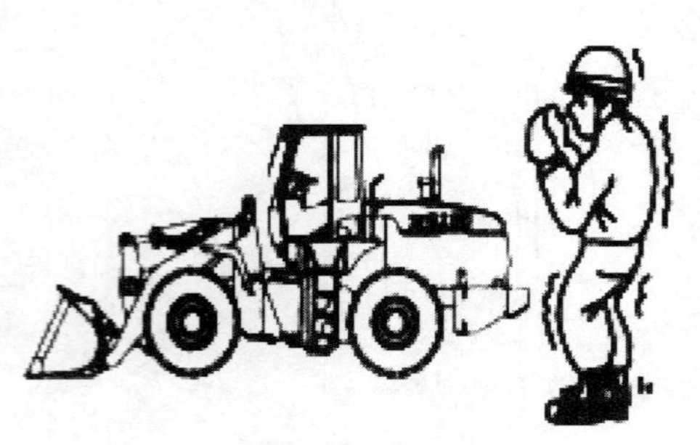

图3-3　操作注意事项

一、装载机安全操作规则

1.身体健康

操作工的身体健康对于驾驶装载机至关重要,要时常调整身体状况,决不可在身体不佳服药后、觉得困倦或饮酒以后操作机械,如图3-3

所示。

2. 安全操作防护

(1)在操作或维护机械时,应根据具体情况确定需要的个人保护用品:如应戴硬质材料的安全帽和安全眼镜、穿安全鞋、反光背心等,如图 3-4 所示。

图 3-4　佩戴安全防护用品

(2)当有金属屑片和微小杂物,尤其是用锤子钉销和用压缩空气清除空气滤清内杂质时,切记佩戴安全风镜、硬质材料安全帽和厚手套。

(3)不要穿宽松的衣服,否则可能卷入控制系统或移动部件,造成安全事故。

(4)切记勿穿油腻衣服,以防引燃。

(5)压缩空气可能造成人体受伤。使用压缩空气清洁时,应穿戴好防护面具、衣服和安全鞋。用于清洁的压缩空气,最大压力应低于 0.3MPa。

(6)所有的防护用品在使用之前要检查其功能是否正常。

3. 了解机械

(1)每一位装载机操作工必须认真学习装载机随机提供的资料,学习机械的构造、操作和维护,熟悉机械各按钮、手柄、仪表、报警装置等位置和功能;在接受理论和实际操作的培训,并且经过考核,取得相应的装载机操作资格后,才能上机操作,如图 3-5 所示。

图 3-5　操作培训合格上岗

(2)彻底了解操作中的各种规章制度,学会使用工作中的所有信号,要做到快速、准确地看出各种信号旗、信号、标志的含义,当操作工与指挥员一起工作时,必须保证所有人员都明白所使用的手语信号,如图3-6所示。

(3)操作前后务必准确地进行各项检查,例如:检查所有安全保护装置是否处于安全状态,检查轮胎是否磨损及轮胎气压是否正常等。若将漏油、漏水、漏气、变形、松动、异响声音等置之不理,就会有发生故障和严重事故的隐患,因此必须定期进行检查,如图3-7所示。

图3-6　指挥操作

图3-7　操作前后检查

(4)要检查操作位置上和附近是否附着油脂类的脏污,如果有此类的脏污,就会出现滑溜的现象,所以要立刻擦掉,以免出现危险。

4. 上机和下机

(1)上机或下机之前要检查扶手或阶梯,如果有油迹、润滑剂或污泥,应立刻将它们擦干净,以免上下机时滑倒。

(2)绝不可跳上或跳下机械,也不允许在机械移动时上机或下机。

(3)在上机或下机时要面对机械,手握扶手、脚踩阶梯,保持三点接触(两脚一手或两手一脚)以确保身体稳当,如图3-8所示。操作工在上机和下机的时候绝不能抓住任何的操纵杆,也不能从机械后面的阶梯上到驾驶室或从驾驶室旁边的轮胎下机,当携带工具或其他物品时不要攀上或攀下机械,应用绳子将所需工具和物品吊上或吊下操作平台。

5. 道路行驶

(1)由于装载机前方有工作装置,所以前方视野会有障碍,同时装载货物时重量集中在前轮,在道路行驶时,要注意机械前后的稳定性。当遇到天气因素时,例如大雾、沙尘和烟尘等情况要十分小心前方的路况。在行驶到工作场地时要事先观察路况、有无孔洞、障碍物、泥泞和冰雪等,如图3-9所示。

(2)如果在公路或高速公路上行驶,应先参阅《产品说明书》,熟知并遵守当地法规和道路行驶规则,使用“慢行车”标志、确保标志、警灯和警示标记到位,特别是在路口要迅速通过,不要停留,如图3-10所示。

6. 操作工离开时一定要上锁

操作工从座椅起身时,一定要先将工作装置降至地面并放平,然后把所有的操纵杆放至中位(如果有锁紧装置,一定要把操纵杆锁紧),把驻车制动杆拉起,置于制动位置。避免工作装置运动和机械移动而引起事故。离开机械时，要将工作装置完全降到地面并平放，所有操纵杆至中位（如果有锁紧装置，一定要把操纵杆锁紧），然后关闭发动机，用钥匙锁上所有设备。始终把钥匙带着身边，如图 3-11 所示。

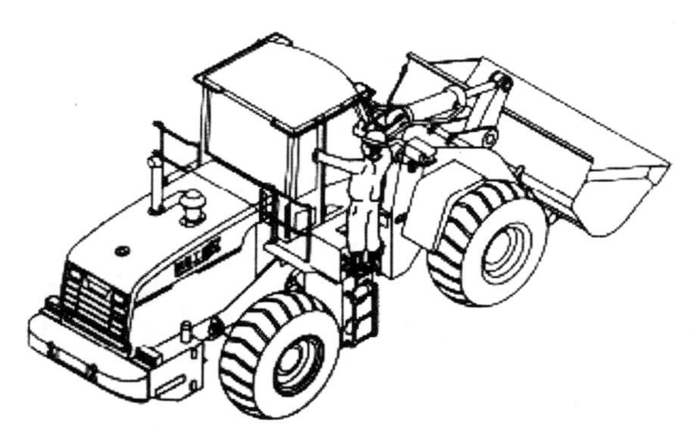

图 3-8　上机和下机

图 3-9　观察路况

图 3-10　不可堵塞路口

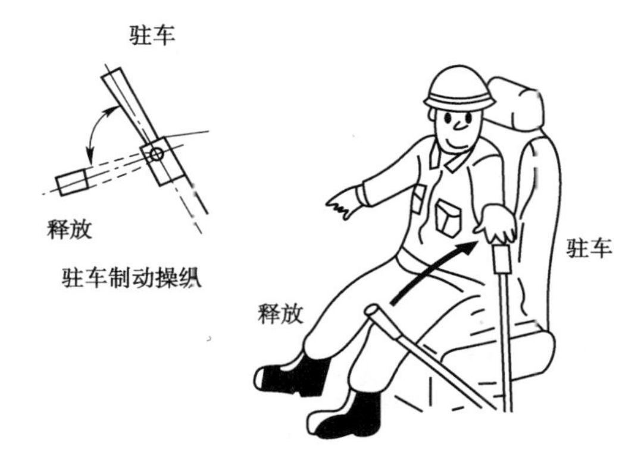

图 3-11　驻车制动操作

7. 防火

装载机的发动机使用的燃油、润滑油和一些冷却剂的混合液等属于易燃物质，烟火接近机械非常危险。因此，必须注意以下事项：

（1）将明火远离上述可燃液体。

（2）加注燃油时必须关闭发动机，在加油过程中禁止吸烟和明火靠近，如图 3-12 所示。

（3）拧紧所有上述可燃液体的存储箱盖。

（4）将上述可燃液体装在相应标记的容器里，置于安全地方，分类存放，防止非工作人员使用。

（5）将堆积在机械上的可燃材料，例如燃油、润滑油或其他碎物清理干净，确保没有油布或其他物品。

（6）不要对含有可燃物体的管道容器进行电焊或是火焰切割，在电焊或火焰切割之前，应用不燃液体清洁干净才能电焊或切割。

（7）机械作业时，如果将消音器排气口接近枯草、旧纸等易燃品的地方，容易发生火灾。因此，在有枯草、旧纸等易燃品的地方作业时，要特别注意。

(8)停置车辆时，要注意车辆周围的环境，最好选在消音器等高温零配件附近没有枯草、旧纸等易燃物品的地方。

(9)检查燃油、润滑油、液压油是否渗漏，若有渗漏，应立即修复或更换破损的元件，修复后清理干净再操作。另外，蓄电池附近会有爆炸性气体发生，千万不可将烟火靠近，要严格按照产品说明书维护和使用蓄电池，如图3-13所示。

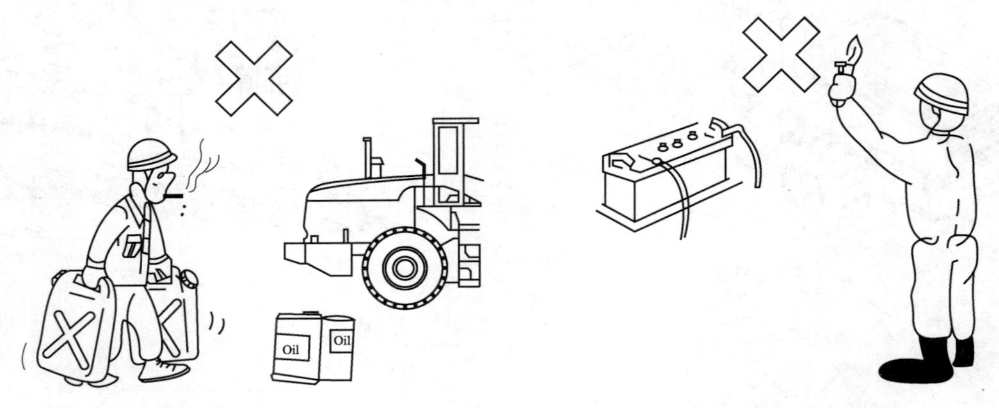

图3-12　加油时禁止吸烟　　　　图3-13　蓄电池严禁烟火

8. 灭火器与急救箱

如发生受伤或火灾，应按以下的注意事项采取行动。一定要备有灭火器，并且要正确使用。在作业工地一定要备有急救箱，并定期检查，如有必要则增补一些药品，如图3-14所示。要把医生、急救中心和消防站的电话贴到规定的地方。如果发生火灾，要及时和相关人员取得联系。

9. 预防轧伤或切断

(1)将手、胳膊或身体的任何其他部位置于可移动的部件之间。如工作装置和油缸之间、机械和工作装置之间、前后车架铰接处，如图3-15所示。随着工作装置的运动，连杆机构处的空间会增大或减小，如果靠近就可能导致严重事故或人员损伤，如果需要进入到机械的运动部件前面，就一定要关闭发动机并将工作装置锁紧。

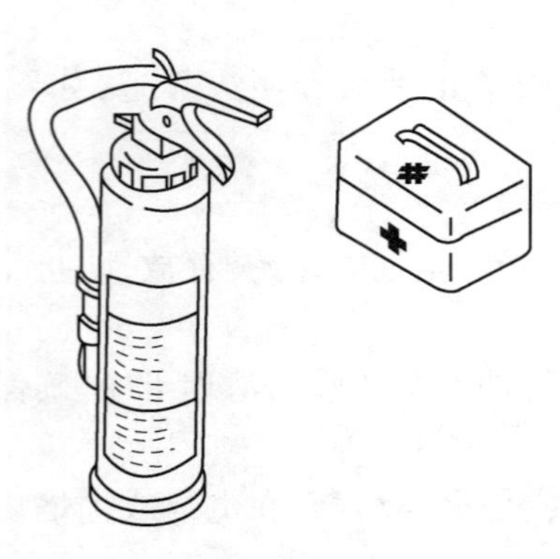

图3-14　灭火器与急救箱

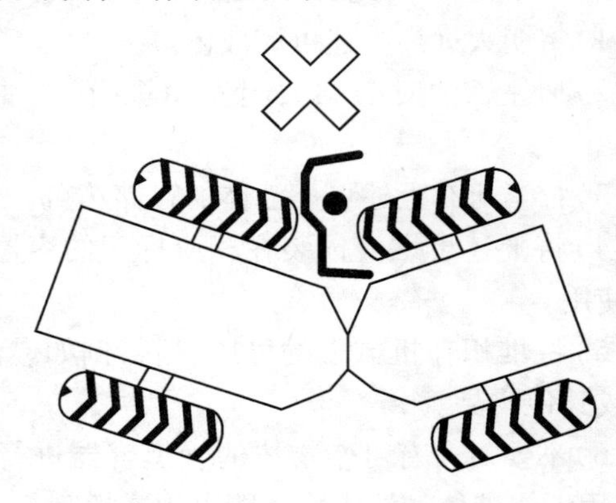

图3-15　防止夹伤

（2）在机械下面工作时，要正确地支撑好设备或附件，不要依靠油缸来支撑，如果控制机构移动或液压管路泄漏，设备和附件都会掉下来。除非另有说明，否则不能在机械运转或发动机开动时做任何调整。同时，要避开所有旋转和运动零件，也要保证发动机风扇扇叶中没有杂物，风扇扇叶会把落进或推进其间的工具、杂物抛出或切断。在开动发动机时，进行检查维护是非常危险的，原则上也是不允许的，如图3-16所示。

10. 乙醚（如果配有乙醚冷起动装置）

因为乙醚是有毒且可燃的物品，所以吸入乙醚蒸气或皮肤经常碰到乙醚都会使人受伤，使用乙醚的地方应有良好的通风条件，要特别注意更换乙醚缸时不要吸烟，使用时要注意防火，不要将乙醚缸存放在生活区域和驾驶室里，同时也不要放在太阳直射的地方或温度超过39℃的地方。即使是废弃的乙醚缸，也要放置在安全的地方，不要在其上穿孔或烧烤，如图3-17所示。

图3-16　防止运动受伤

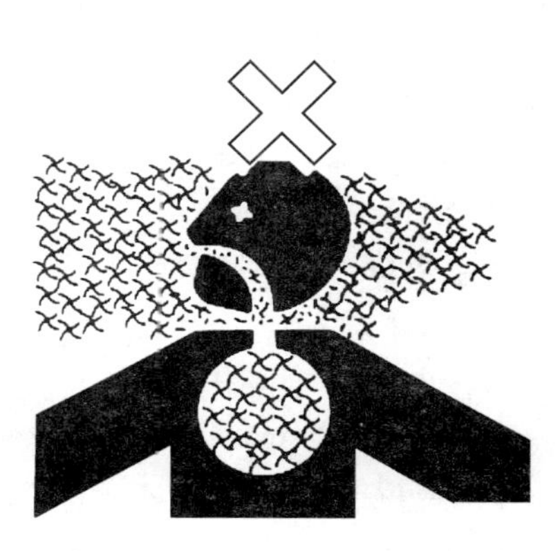

图3-17　防止吸入乙醚

二、装载机安全起动

1. 起动机械前了解周围环境

（1）在开始作业之前，了解周围环境，认真检查周围环境中所有会引起险情的异常情况，检查工地的地形和地面状况，并确定最安全的作业方法。

（2）在开始作业之前，应把地面尽可能坚实和平整，如果工地的沙尘很大，在开始作业之前应洒水。

（3）如果要在大街上进行作业，则应有专人负责指挥交通，或在工地周围设置栅栏和张贴“请勿入内”的标记，以保护行人和车辆，如果在室内等封闭场地工作，一定要保证有效的通风，避免废气中毒。

（4）对于埋藏设施，如水管、煤气管、高压电缆管道的地方，应与主管部门或公司联系，以确定埋藏设施的准确位置，并注意在施工时不要损坏这些设施，确保施工安全。

（5）当在水中或沼泽区进行作业或通过硬质堤岸时，首先要检查地面状况、水深和水流速度。一定不能超过允许的水深，工作完成后，要清洗检查润滑油加注部位，涉水深度可见装载机的技术性能和参数。

2. 起动机械前的检查

每天起动前，要对机械仔细检查，坚持执行日常维修维护工作。如果发现异常状况，立刻向管理人员报告,经维修后再开始操纵。

(1)检查机械是否存在漏油、漏水、漏气、螺栓松动、异响、零件破损丢失等故障。检查确认前、后车架固定杆是否已经脱开锁定位置。

(2)检查冷却液液位、燃油油位和发动机润滑油油位是否正常,检查空气滤清器是否有堵塞。

(3)检查所有的照明及信号灯光是否正常,如果有任何不正常,则应进行修理。

(4)检查各仪表是否工作正常,检查操纵杆是否停放在相应位置。把驾驶室玻璃和所有的灯上的脏物擦掉,以保证有良好的能见度。调整后视镜到合适的位置,使得操作工有良好的视野。如后视镜的玻璃已损坏,则应换上新的。

(5)在座椅周围不要遗留零件和工具。由于在行走和作业时会产生振动,这些东西可能会跌落,造成操纵杆或开关损坏,或者使操作杆移动导致工作装置动作,引发安全事故。把操作工座椅调整到容易操作的位置,检查座椅安全带和安全带的固定装置是否损坏。安全带使用三年后,必须更换,检查灭火器是否正常。

(6)把扶手、阶梯上的油脂及鞋上所沾的污泥清除干净,以免上下车时滑倒和影响操作。

3.起动机械

(1)在登上机械之前,首先坐在座椅上,将座椅调整到能够舒适操纵的位置,系好安全带。检查机械上下或附近是否有人,若有应提示他们离开,之后再起动机械。如果操纵杆上贴有"请勿操作"的警告标签,则禁止起动发动机。

(2)熟悉仪表板上的警示装置、仪表和操纵控制机构,确认驻车制动器是否合上,所有的操纵机构均置于中位。鸣笛警示周围的人离开,按照说明书起动发动机。

(3)只能在驾驶室内起动发动机,严禁将起动机短路来起动发动机,通过旁路起动系统会造成机械的电路系统损坏,而且这种操作非常危险。当需要使用乙醚冷起动装置时,应事先阅读说明书、乙醚是有毒易燃物,注意防火。当发动机配备塞状预加热器时,禁止使用乙醚。

4.起动机械后的检查

起动机械后操作机械前,应进行以下检查,确保不存在安全隐患。

(1)检查发动机运转时,是否存在异响或异常振动,如果存在,说明机械可能有故障,应立刻向管理人员报告,经维修后再开始操纵。在空挡情况下,操纵控制机构和检查发动机转速,观察仪表、仪器、警示灯,确保它们能正常工作且在指定工作范围内。

(2)操纵所有的操纵控制杆,确保灵活自如,操纵挡位控制机构,以确保机械的前、中、后挡位准确。按照《使用说明书》检查行车制动阀和变速器操纵阀是否正常,在低速下测试左右转向是否灵活,确保倒车报警器能正需工作。机械行驶前,确保驻车制动器处于脱开位置。

三、装载机的安全行驶

1.声讯报警

从操作工位置开始,距离机械前、后端7m远处的声级至少达到93dB(A)的声讯报警,机械发生故障不能继续工作或者在低速下工作,向在道路上的和离开道路的其他道路使用者发出危险警示时,需打开所有转向灯(方向指示灯、制动灯、危险报警信号)。

2. 注意自己和他人安全

(1)为了每个人的人身安全,要养成良好的操作习惯,开动车辆前,应先鸣喇叭发出信号,确认安全后再开动。

(2)特别要确认前后左右没有人或障碍物。向外伸手、伸腿易导致受伤,故不可将胳膊和脚放在作业装置上,或伸出车辆之外。

(3)操作时不可分心、四处张望、心不在焉,一瞬间的疏忽可能会招来大祸,应当对行进方向和周围作业的人加以注意,有危险时应鸣喇叭示警。

(4)不可敞开驾驶室的门行驶。

(5)在道路上行驶应遵守交通规则,注意为其他汽车让路,并保持适当车距。

注意:

①紧急制动可能会造成人身伤害!

②高速行驶时转换前进挡到后退挡是非常危险的,禁止操作!

3. 满载运输

(1)铲斗装满物料时,不要高举动臂进行运输,这样很危险,容易翻车。当满载运输时,应选择合适的速度并应将铲斗放低置于后倾靠挡块位置,以适当的离地高度(400 ~ 500mm)运行。这样可以降低重心,保证车辆的稳定性。

(2)装载货物量不可超过机械的额定承载能力,应确认机械的载荷在允许范围内,避免因超负荷使用导致的机械或人员的伤害。运输时,避免急行车、急制动和急转弯行走,并且要避免工作装置急速停止、急速下降,因为工作装置急速停止或急速下降时,有将装载物料抛出去或发生车辆倾翻的危险。

(3)要十分熟悉装载机的性能,按照作业现场的实际情况,决定适当的行驶速度,同时决定机械运行路线和作业方法,保持中低速运行以便机械时刻处于可控制状态。

(4)在未经整理的地方,或高低不平的路面上有散乱物时,有时会发生转向盘控制困难,以致引起翻倒等事故。因此通行时,必须降低速度。

4. 能见度不好时的安全驾驶注意事项

(1)当在前方视线不佳处,或在狭窄的道路路口行驶时,要降低速度或暂停行驶,必要时鸣喇叭告知其他车辆,或让人引导,避免出现事故。沙尘、浓雾、暴雨等天气会影响能见度,此时应尽量减速慢行。

(2)装载机是特殊车辆,尤其在搬运长尺寸物体时,视野不好,对其进行升降、前进后退换挡操作时都应当十分小心。同时,不要让人进入作业范围内,或由人负责引导进行工作。夜间对于距离的远近、地面的高低很容易产生错觉,务必保持适合的行走速度。

5. 恶劣环境下行驶的注意事项

(1)在恶劣环境下作业和行驶时要十分注意安全,不要在危险的地方单独工作。对行走路面的状况、桥梁的强度、作业现场的地形、地质的状态,应当事前进行勘查。如果在潮湿地方或松软的地方行走时,应注意车轮陷落或制动效果。

（2）当堆放在地面上和沟梁附近的泥土松软时，应特别注意，因为在机械的重量或机械的振动下地面可能坍塌，致使机械倾翻；避免操纵机械靠近悬崖或深的沟坑，有可能因为机械的重量或振动使这些地方塌陷，造成机械倾翻和人员伤亡。

（3）当工作地点有落石的危险或机械有可能倾翻的危险时，应使用保护装置。连续在雨天作业时，由于作业环境可能因刚下完雨而发生变化，应谨慎作业；在地震和爆破之后的场地上有堆积物作业时要特别小心；在雪地工作时，应减小装载量，防止机械打滑。

6. 在坡道上行驶的安全注意事项

（1）在坡道上横行行驶或变换方向，机械有翻倒的危险，不可进行此种危险操作。避免在斜坡上转向，只有当机械到达平坦地面时方可转向。

（2）在山头、岸堤或斜坡上作业时，应降低速度并只能采用小角度转向。只要有可能，宁可上下坡，也不走小巷或人行道。

（3）下坡前先选择合适的挡位，切勿在下坡过程中换挡，在坡道上行走时，由于机械的重心移动到前轮或后轮，要慎重操纵，绝不可用紧急制动。

（4）在山坡、堤坝或斜坡上行驶时应使铲斗接近地面，离地200～300mm，在紧急情况下，应迅速把铲斗降到地面，以帮助机械停住或防止翻倒。

（5）如果满载行驶到坡道时，应特别注意：

①采用1挡行驶。

②上坡要前进，下坡要后退行走。

③不可转弯。

四、安全作业

1. 保持良好的操作习惯

（1）操作工应始终坐在座椅上，并确保系紧安全带和安全保护装置，车辆应始终处于可控状态。工作时要准确操作操纵杆，避免误操作。

（2）操作时应注意装载机有无异常，若出现异常应立即报修。

（3）装载物料时不可超过其承载能力，进行超出机械性能的作业极其危险。因此，应预先确认装卸物的重量，避免过载使用导致的机械或人员受伤。

（4）装料时，切勿高速冲进。高速冲进，不但易使车辆损坏，而且会使操作工受伤，并会造成货物损坏。装载机作业时，对装卸物要保持垂直角度，如果从斜方向勉强作业，会使装载机失掉平衡而发生安全事故。

（5）装载机作业时，应先行走到装卸物之前，确认周围的状况，再进行作业。进入狭窄的区域（如隧道、天桥、车库等）作业之前，应先检查场地清理情况。在大风天气装载物料时应顺风操作。

（6）装载机动臂提升到最高时的作业务必谨慎进行，因为工作装置升到最高位置装货作业，可能使装载机不稳，此时装载机的移动要缓慢，铲斗的前倾应谨慎进行；当进行载货汽车或自卸汽车装卸时，应注意防止铲斗撞击载货汽车或自卸汽车，铲斗下方不能站人，也不能将铲斗置于载货汽车驾驶室上方。

(7)在倒车前应仔细地观察车辆后方,因烟、雾、扬尘的原因导致能见度低时应停止作业,如果作业现场光线不足,必须安装照明设备。

(8)夜间作业时,应注意以下事项:

①确保现场安装了足够的照明设备。

②确保装载机上的工作灯正常。

③夜间工作时,非常容易对物体的高度和距离产生错觉,所以,夜间作业时要常停机观察周围情况和检查车辆,保持警惕。

(9)在通过桥梁或其他建筑物之前,应确保其有足够强度能使机械通过。

(10)不可使用装载机工作装置的头端或某一部分用作拆卸吊装、抓、拨、推或是利用作业机构进行牵引操作等。

2. 注意周围环境

(1)作业范围内不准闲人进入。由于作业装置是上升下降、左转右旋以及前移后动的,工作装置的周围(下边、前边、后边、里边、两侧面)非常危险,非操作工禁止进入。如果作业时无法检查周围情况,应将工作地点围定(如设置栅栏、围墙)。

(2)在山崖可能崩塌的地方进行作业时,必须确保安全,要派监视员在旁边观察并听从其指挥。从高处放掉沙土或岩石时,应充分注意落下地点的安全。

(3)当装载物被拖出悬崖或车辆到达斜坡顶端时,载荷会突然减小,车辆的速度会突然增加,因此一定要减速。当筑堤或推土,或者在悬崖上倒土时,先倒一堆,然后用第二堆去推第一推。

五、安全停车

1. 停车安全注意事项

(1)机械的停放位置要尽可能选择平坦的地面,并把工作装装置降到地面上放平。不要在斜坡上停车,如果一定要停放,斜坡角度必须小于15°,同时应把楔形木块放在车轮下,以防止机械移动,然后把工作装置降到地面上放平。

(2)当车辆发生故障或需要在交通拥挤的地方停车时,要设置警戒信号、旗子或警示灯,并放置其他必要的信号以保证过往的车辆能够看清楚本机械,并且要使机械、围栏、旗子不妨碍交通。

注意:绝不允许在车辆处于行驶状态时上车、下车。

(3)当停车时,要把车上的物料卸掉,把铲斗完全降至地面放平,把操纵杆回到中位,如果有锁紧装置,用锁紧装置将操纵杆锁紧。关闭发动机,把驻车制动杆拉起,将其置于制动位置,锁好所有的设备,把钥匙取下。下车时,面对车辆缓慢爬下,一定要保证身体三点接触扶手和爬梯,禁止跳下。

2. 寒冷地区的注意事项

(1)作业完成之后,把粘在电线、电线插接头、开关或传感器以及这些零件的覆盖件上面的水、雪或淤泥全部清除掉。如果不将这些东西清除,它们中间的水会结冰,下次使用时将会使机械失灵,可能造成意想不到的故障。

(2)要彻底进行预热作业。在开始操作操纵杆之前,如果机械没有彻底预热,机械的反应将迟缓,这可能造成意想不到的事故。

(3)操作各操纵杆,让液压系统里的液压油进行循环(将系统压力上升到系统设定压力,再把压力释放,让油流回液压油箱),以对液压油加温。这能保证机械有良好的反应和防止失灵。

(4)如果蓄电池的电解液已结冰,不要对蓄电池充电,也不要用其他电源来起动发动机,这将会使蓄电池着火。当进行充电或用其他电源来起动发动机时,在起动之前要把蓄电池的电解液溶化,并检查是否有泄漏。

六、轮胎式装载机操作工安全操作规程

1. 主要危险源

(1)未检查车辆或检查不到位。

(2)未按要求检查制动、转向系统。

(3)车辆未配备灭火器或灭火器不完好。

(4)车辆超速行驶,转弯处未减速、鸣笛。

(5)铲斗悬空时操作工离车。

(6)在起升铲斗下站人或进行检修。

2. 适用范围

本操作规程适用于轮胎式装载机操作工。

3. 上岗条件

(1)身体健康,适合本岗位要求。

(2)必须经过培训并考试合格,持证上岗。

(3)必须熟悉所驾车辆的结构、性能、工作原理,会操作、会维护、会处理一般故障,掌握灭火器的正确使用方法。

4. 安全规定

(1)作业前必须进行本岗位危险源辨识,作业时必须严格执行“手指口述”。

(2)在用车辆应严格按照规定进行使用和维护,正确地使用燃油、润滑油、液压油和冷却液。

(3)入井作业时必须按规定着装,并佩戴瓦斯报警仪;当瓦斯报警仪报警时,必须立即停车。

(4)车辆入井作业时,必须严格执行矿内相关措施规定。

(5)保持车辆完好状态,避免发动机无负荷高速运转,严禁带病运行。

(6)作业过程中,时刻注意周围环境,严禁人员上下车辆或传递物件,除操作工外其他人员严禁乘坐。

(7)装载机在满斗行驶时,铲斗不应提升过高,一般距地面0.5m左右为宜。

(8)运载物料时,应保持动臂下铰点离地400mm。不得将铲斗提升到最高位置运送物料。

(9)向车内卸料时,必须将铲斗提升到不会触及车箱挡板的高度,严防铲斗碰车箱,严禁将铲斗从胶轮车驾驶室上方越过。

(10)严禁超载超速行驶。遇急转弯时,应提前降低车速,在不妨碍对方来车的行驶条件下,要尽可能地加大转弯半径。改变行驶方向要在车辆减速后进行。

(11)车辆在狭窄、弯道路上行驶时,不得使用紧急制动,以防侧滑,待车速降低后缓慢制动;正常情况下,严禁在上下坡道停车。

(12)当装载机遇到阻力增大,轮胎打滑和发动机转速降低等现象时,应停止铲装,切不可强行操作。

(13)下坡时采用自动减速,不可踩离合器踏板,以防动力切断发生溜车事故。严禁下坡时空挡行驶。

(14)在斜巷中不得进行检修作业,严禁转弯、倒车和停车,在坡上熄火时应将铲斗落地,制动牢靠后,再行起动。

(15)作业时,正前方、斗臂下禁止有人站立或通过,铲斗不许载人升降。不得举臂行车,以免造成颠覆。严禁使用铲斗代替吊车吊装重物。

(16)作业中,随时清除夹在轮胎间的石渣。

(17)涉水后应立即停机检查,如发现因浸水造成制动失灵,则应进行连续制动,利用发热排除制动片内的水分,以尽快使制动器恢复正常。

(18)铲取物料前,应使前后车体呈直线,使铲斗平行接触地面,然后铲取物料。

(19)推运或刮平作业中,应注意观察地面有无异物,发现车辆前进受阻,不得强行前进。

(20)待工时,铲斗落地,确保车体平稳。操作工离开驾驶位置时,发动机熄火,切断电源。

(21)动臂升起部位进行润滑和调整时,必须由操作工操作,并装好安全销或采取支顶等稳固可靠的措施,防止动臂下落伤人。

(22)作业完毕后,将装载机停放在平坦地面上,并将铲斗平稳落地,将油缸缩回,将操纵杆放在中间位置。车辆严禁在0℃以下的环境中长时间停放。

(23)当车辆停放在安全位置、发动机停转后,操作工拉紧驻车制动器方可离开驾驶室。

(24)装载机安全操作十不准。

①不准用高速挡取货(除散料外)。

②不准边转向边取货。

③不准边行驶边起升。

④不准铲斗超重装载。

⑤不准用铲斗进行挖掘作业。

⑥不准在铲斗悬空时操作工离车。

⑦不准在起升的铲斗下面站人或进行检修。

⑧不准用铲斗举升人员从事高处作业。

⑨不准直接铲装其他车辆上的物料。

⑩不准用铲斗进行推拉和起吊作业。

5. 操作准备

(1)装载机操作工接班后应做下列检查。

①检查制动、转向、喇叭、灯光是否完好。

②检查轮胎气压、各液压管接头液压控制阀是否正常。

③检查油、水是否缺漏，各润滑部位是否缺油。

④检查消防器材是否齐全完好。

⑤检查各部机件有无脱落、松动或变形。

(2)行车前应做工作。

①起步前观察四周，确认安全后(气压式制动待气压表读数达到规定值)，鸣笛起步。

②发动机冷却液温度达55℃、机油温度达45℃时，方可进行全负荷作业。

6.正常操作

车辆的起动步骤如下：

(1)起动前应将变速操纵杆置空挡，拉起驻车制动控制手柄，接通电源总开关，微踩下发动机加速踏板，再旋转钥匙开关，转动钥匙到"START"位置，使柴油机起动。

(2)发动机起动后，怠速运转5～10min，预热后方可进行作业。

第三节　装载机的管理

一、装载机的管理制度

(1)建立健全装载机的各项规章制度，并指定专人具体负责此项工作。

(2)装载机操作工及维修人员应相对稳定，不断积累经验，提高业务技术水平。

(3)装载机实行机长制，每台设备要设立固定操作工，在机长的带领下对该设备的操作与维护负全部责任，并做好各项记录。

(4)装载机操作工和维修工必须严格执行岗位责任制和交接班制度，定期检查维护，保持设备整洁完好。

(5)装载机操作工要经过培训考核合格后，才准操作，严禁没有经过培训的人员操作装载机。

(6)操作工不得随意拆卸配套的零部件，如需要拆卸或解体检查时，应经过机长或主管人员的批准才可进行。

(7)装载机零部件的领取和更换统一归维修部门负责，旧的零部件实行回收，应尽量修复利用。

(8)如发现设备隐患、事故应及时向有关部门汇报，及时处理，事后必须组织分析，弄清原因、性质、教训并总结经验。

(9)装载机不工作时，应停在干燥、通风良好的安全地方。

(10)新机及大修后的机械要进行跑合，然后才能交给生产部门使用。

(11)要做好装载机的年度维护和配件计划，按计划完成对装载机的维护工作。

(12)加强油料管理，现场油库应备有沉淀过滤装置和加油用具，保证供油的牌号和质量，严格执行润滑制度。

二、装载机操作工岗位责任制

（1）装载机的使用寿命与操作工有密切关系，操作工必须经过正式培训，做到操作熟练，会日常维护和排除小故障，经考核合格才准上机操作作业。

（2）操作工在工作中要坚守岗位，并认真执行各项规程和制度。

（3）装载机实行机长制，对设备操作、日常维护负全面责任，要精心操作与维护，保证装载机的安全运行。

（4）装载机操作工要认真做好原始记录，实行交接班制度，上一班操作工在工作结束后负责清理、检查并交清下班注意的问题。

三、劳动纪律

（1）装载机操作工严禁酒后驾车。

（2）装载机操作工必须按相应排班进行交接，接班前至少提前15min到调度室接受当班任务。交班后到调度室汇报当班的作业情况，由调度室记录其当日工作量、工作时间及设备运行情况。

（3）上班时间，装载机无作业任务时，装载机操作工应要按照公司规定在公司内休息待命，不得脱岗、离岗。

（4）每项作业任务及当班交班后，必须及时向调度室汇报。当班或当天作业任务完成后，装载机的钥匙必须交回调度室。

四、维护要求和操作规范

1.修理

（1）装载机的修理按照公司规定执行。

（2）凡发生发动机、减速机损坏，传动部件损坏及外胎大面积损坏等需要修理并更换配件的，必须由设备管理员向公司维修管理部门汇报，并会同维修部门共同鉴定故障的性质。

（3）凡装载机责任故障、大修或修理费用一次达2000元的，必须进行故障调查、处理，维修申报单必须提交故障调查处理报告。

2.维护

（1）出车前及接班后，必须检查装载机的润滑、冷却等是否正常。检查和润滑、冷却不到位，严禁出车。每周必须加机油三次。检查车况、机油、水位、传动、制动系统及各仪表读数，并空车试运行，发现问题及时处理，决不允许带病作业，工作前要鸣笛示警。

（2）检查车底时，检查人员进入车底前，必须把车辆放在平地，用保险装置把操纵杆有效锁住。

（3）操作工要了解车辆的技术性能、使用规定、操作要领。管好、用好、维护好；会使用、会检查、会维护、会排除故障。

（4）严格遵守维修维护规程，及时检查和进行日常维护，减少故障的发生，延长整机零部件的使用寿命。

(5)操作工要经常检查车辆各部位的螺钉紧固状况,有松动时,要及时紧固,检查液压系统有否漏油,发现问题及时处理。

(6)装载机在工作中,如发现异常声音,要立即停车检查,待问题处理好后,方可进行工作。

3. 规范操作

(1)不得用铲斗举人。

(2)装载机操作工要熟悉施工道路,行驶通过路口、拐弯、下坡、掉头时要注意行人和来往车辆,行驶时除驾驶室外,任何部位不得乘坐非工作人员。

(3)严禁急进急退。作业时应低速进行,不得采用猛踩加速踏板将铲车高速猛冲插入料堆的方式进行装料。操纵手柄换向时,不应过急、过猛,如过急、过猛,容易造成机件损伤。满载操作时,动臂不得快速下降。以免制动时产生巨大的冲击载而损坏机件。

(4)操作工出车前必须穿戴劳动保护用品,上岗不准穿拖鞋,严禁操作工酒后驾车,否则出现的一切后果由操作工承担。

(5)发动机未停止运转前,操作工不得离开驾驶室。

(6)正常作业时,经常注意各仪表和指示信号的工作状况,注意监听发动机、变速器及其他各部位的工作声音,出现异常现象,应立即停车检查,待故障排除后方可继续工作。

(7)用装载机吊装重物时,不得超负荷吊装,并要有专人指挥。吊装时,铲斗下面严禁站人或人员逗留。

(8)转运和其他作业时,必须清理好行车通道。严禁野蛮操作,防止不清理通道造成轮胎损坏。

(9)装料时,应确定装载量,铲斗应从正面铲料,不得使铲斗单边受力。卸料时,举臂翻转铲斗应低速缓慢动作。不得将铲斗提升到最高位置运输物料。运载物料时,宜保持动臂下铰点距地面0.5m,并保持平稳行驶。

(10)操作工必须做到车容整洁,保持车况良好。停车时,要停稳、断电、铲斗平放于地面。

(11)严禁在加油时吸烟,严禁利用打火机明火查看油箱油量。

(12)作业后,装载机应停放在安全场地,铲斗平放在地面上,操纵杆置于中位,并拉起驻车制动手柄。

(13)在冬季,冷态装载机每次使用前,必须在起动发动机后,预热至少20min,预热时间不够不得开动装载机。如预热时间不够或未加防冻液造成设备损坏,由责任人承担事故责任。

第四章　装载机的合理铲装方法

学习目标

1. 能正确描述装载机铲装作业的工作过程；
2. 能叙述装载机四种作业方式的特点；
3. 能根据工程施工的要求选择合适的作业方式。

第一节　装载机的铲装作业过程

装载机运用范围广泛，用途很多，并且工作环境复杂、条件恶劣、工作量大、劳动强度高，所以对装载机设置合理的作业工艺方案尤为重要。

装载机的铲装作业循环由铲装、转运、卸料和返回四个过程组成。其基本动作有铲装、收斗、升斗和卸料四个动作，如图4-1所示。

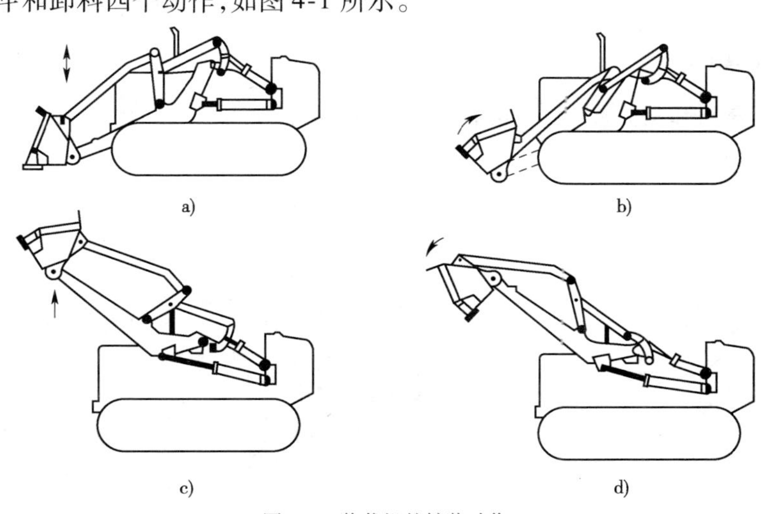

图4-1　装载机的铲装动作

a）铲装；b）收斗；c）升斗；d）卸料

一、铲装过程

首先将铲斗的斗口朝前平放到地面上，机械慢速前进，铲斗插入料堆；当铲斗装满物料后，收斗使斗口朝上，完成铲装过程，如图4-2所示。

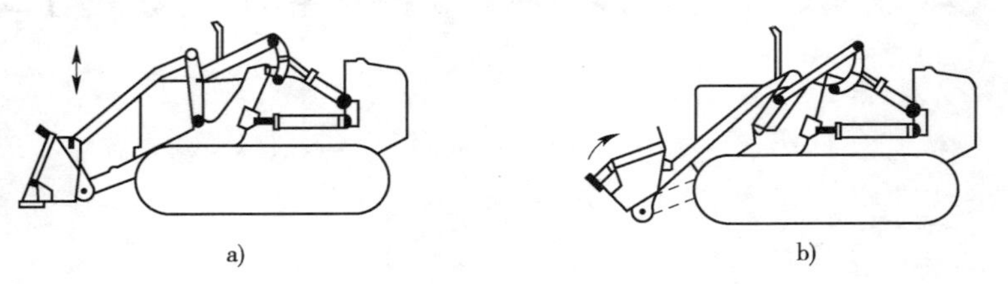

图4-2 装载机的铲装过程

a)铲装；b)收斗

二、转运过程

提升动臂将铲斗升起距地面0.5m的高度，机械倒退，转驶至卸料处，如图4-3所示。

图4-3 装载机的转运过程

三、卸料过程

使铲斗升高到卸料高度，对准运料车箱的上方，然后铲斗向前倾翻，将物料卸于车箱内，如图4-4所示。

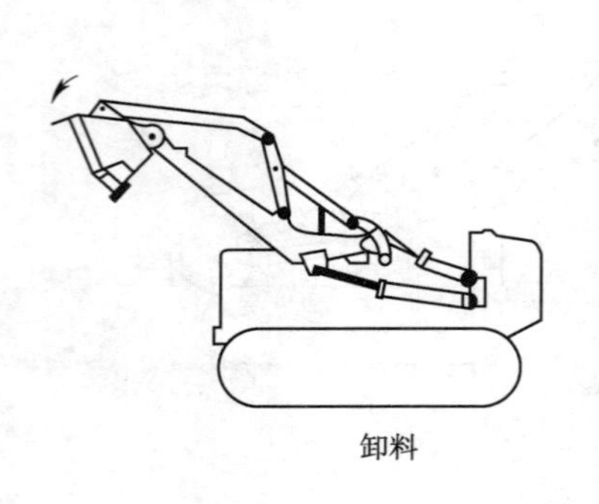

图4-4 装载机的卸料过程

四、返回过程

将铲斗翻转成水平位置，机械驶至装料处，放下铲斗，准备再次铲装，如图4-5所示。

图4-5　装载机的返回过程

第二节　装载机的铲装及作业方式

一、装载机的铲装方式

装载机的铲装方式根据物料种类、状态及位置的不同，可分为以下三种方式。

1. 松散物料的铲装作业

使装载机以前进1挡速度驶近料堆，铲斗底面与地面平行。当距离料堆1m时，下降动臂，并将铲斗放至刚刚接触地面，徐徐踩下加速踏板，使铲斗插入料堆中。作业时，铲斗不可插歪、插斜，要求对正、对准物料呈直角接近，避免急剧冲撞，加速踏板不能踩得太大。铲斗铲装量过大时会造成超载、打滑，降低作业效率。当铲斗切入料堆后，应当边前进边收斗，并配合动臂上升，以达到装满铲斗的目的。装载后，将动臂举升至运输位置，再驶离工作面（装满斗后的装载机应尽快停车，绝不允许继续往料堆方向前进）。其装载过程如图4-6所示，铲斗与动臂操纵手柄在不同铲装位置时的作业情况如图4-7所示。

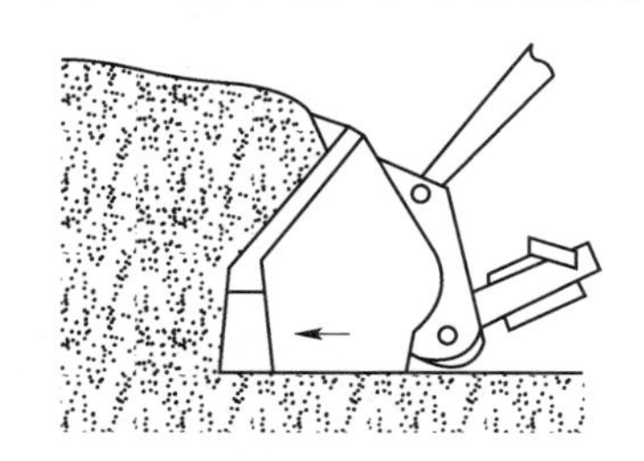
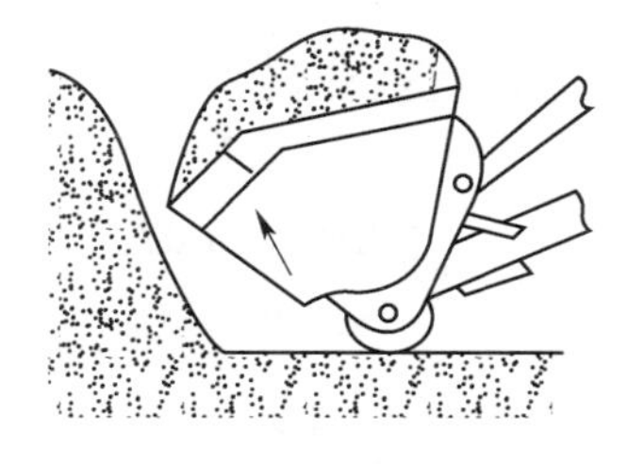
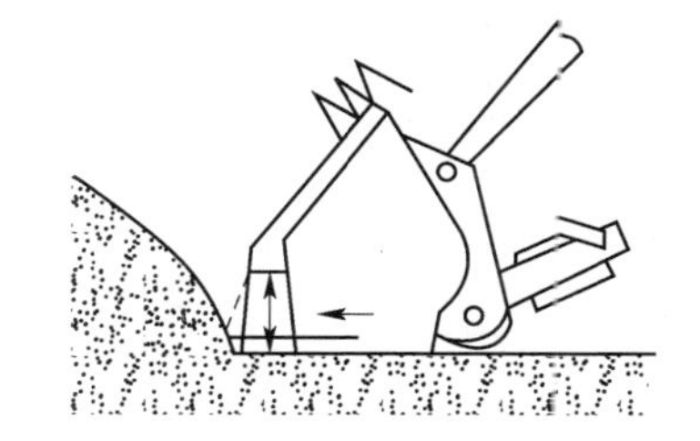

图4-6　装载机铲装松散物料

2. 铲装停机面以下物料（挖掘）

装载机在铲装时，须先将动臂稍稍提起，转动铲斗使其与地面呈一定的铲土角（硬质地面10°～30°、软地面5°～10°），然后前进使铲斗切入土内，如图4-8所示。装载机铲装时，铲斗切土深度一般保持在150～200mm，直至铲斗装满。装满收斗后，将铲斗举升到运输位置驶离工作面，运至卸料处。对于难以铲装的土壤，可操纵动臂或铲斗，使铲斗改变铲土角。

图 4-7　松散物料铲装作业过程

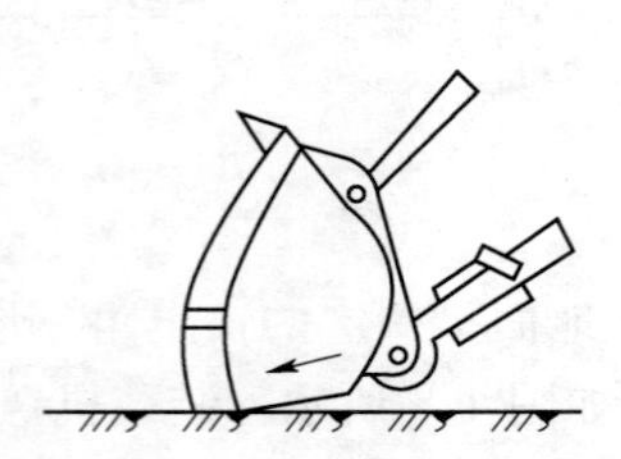
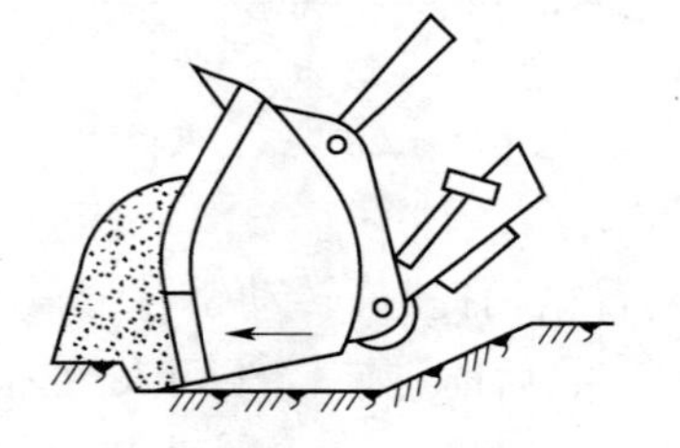
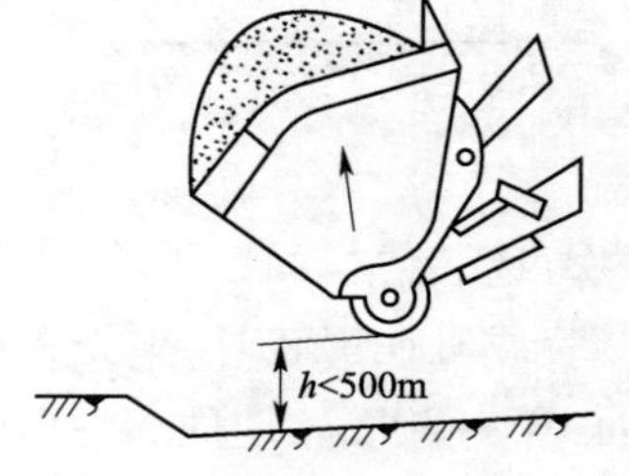

图 4-8　装载机铲装停机面以下物料

3. 铲装土丘作业

装载机铲装土丘时可采用分层铲装或分段铲装法。分层铲装时，装载机向工作面前进（铲斗稍稍前倾），随着铲斗切入工作面，慢慢提升动臂，在铲斗刀刃离开料堆后，将铲斗转至运输位置，如图4-9所示。

如果土较硬，也可以采用分段铲装法，这种方法的特点是铲斗依次进行插入和提升动作。工作过程中铲斗稍稍前倾，从坡角插入，随着铲斗插入工作面0.2～0.5m深时，进行间断提升（微量）动臂，同时翻转铲斗，直至装满铲斗。这种方法由于插入不深，而且插入后又有动臂提升动作的配合，所以插入阻力小，作业比较平稳，但其操作水平要求较高，如图4-10所示。

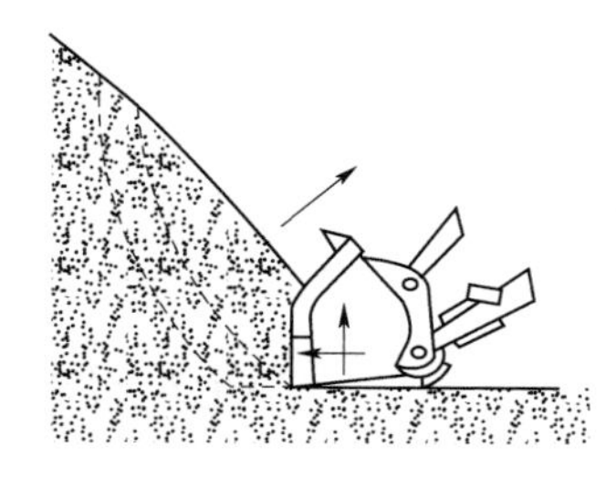

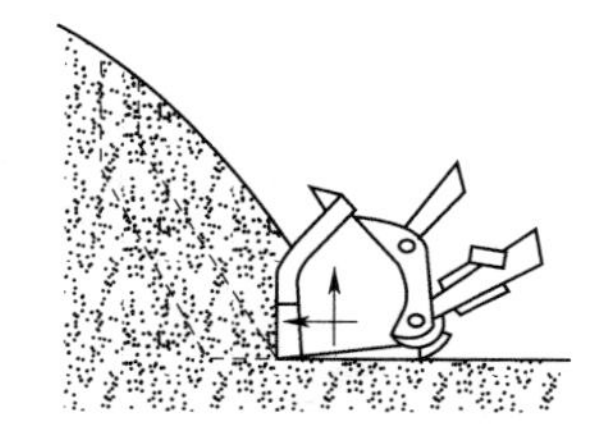

图4-9　装载机分层铲装法

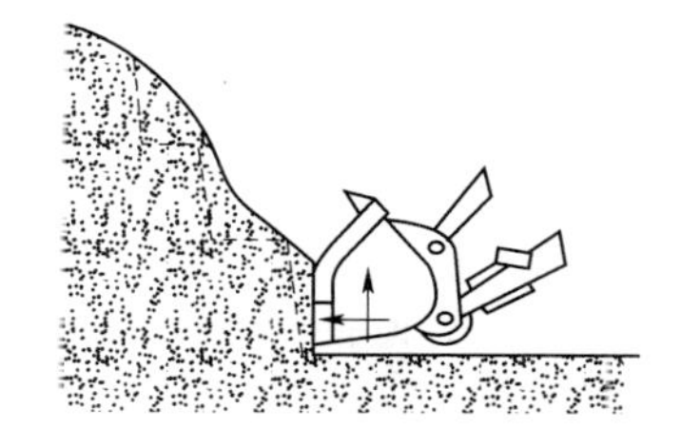

图4-10　装载机分段铲装作业

铲装作业过程中，如遇到物料阻力过大时，不要任意猛踩加速踏板作业。通常，当轮胎即将打滑时，装载机发出的功率最大，此时就不能再猛踩加速踏板作业，否则容易损坏发动机，且浪费燃料。动臂升降和铲斗翻转的快慢决定于发动机油门的大小、各操纵手柄移动量的大小及操作各手柄的快慢，因而在发动机油门大小固定的情况下，可以用微动手柄来达到使动臂或铲斗微动的目的。

二、装载机的作业方式

装载机在进行施工作业时经常需要与自卸汽车互相配合，故在施工中装载机的移动、卸料以及与车辆位置的配合好坏都对作业效率有很大影响，因此必须合理地组织施工。一般的组织原则是根据堆场的大小和料堆的情况，尽可能地使装载机来回行驶的距离短、转弯次数少。装载机生产率在很大程度上与其作业方式有关，常用的作业方式有如下四种：

1. V形作业法

自卸汽车与工作面呈50°～55°布置，而装载机的工作过程则根据本身结构形式而有所不同。装满斗后，倒车驶离工作面，并掉头垂直于自卸汽车，然后驶向自卸汽车卸载。卸载后装载机倒车驶离自卸汽车，然后掉头转向料堆，进行下一个作业循环，如图4-11所示。V形作业法作业循环时间短，在许多场合得到广泛应用。

2. I形作业法

自卸汽车平行工作面适时地做往复前进和后退动作，而装载机穿梭式地垂直于工作面前进和后退，所以该作业法又称穿梭式作业法。装载机装满斗后直线后退，同时举升铲斗到卸载高度，自卸汽车后退到与装载机垂直位置，然后装载机驶向自卸汽车并卸载。装载机卸载后自卸汽车向前行驶一段距离，以保证装载机驶在工作面进行下一个作业循环，直至自卸汽车装满为止,如图4-12所示。I形作业法省去了装载机的掉头时间,对于不易转向的履带式及整体车架轮胎式装载机比较适用,但增加了自卸汽车前进、后退的次数。因此,采用这种作业方式的装载机,作业循环时间取决于与其配合作业的自卸汽车操作工的操作熟练程度。

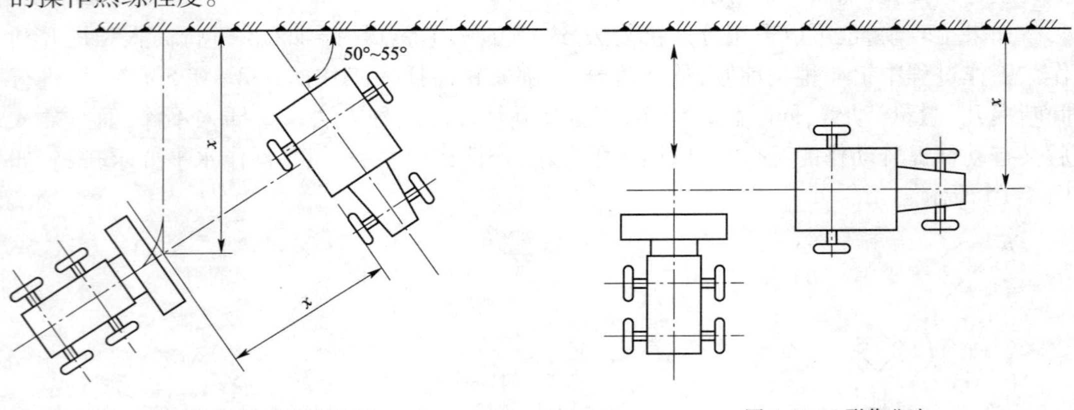

图4-11 V形作业法　　图4-12 I形作业法

3. L形作业法

自卸汽车垂直于工作面,但距离工作面较远。装载机铲装物料后倒退并掉头90°,然后驶向自卸汽车卸载。空载的装载机后退并调转90°,然后驶向料堆进行下一次铲装,如图4-13所示。这种作业方式运距较短,作业场地较宽时装载机可同时与两台自卸汽车配合工作。

4. T形工作法

自卸汽车平行于工作面,但距离工作面较远。装载机铲装物料后倒退并调转90°,然后再向反方向调转90°驶向自卸汽车,如图4-14所示。

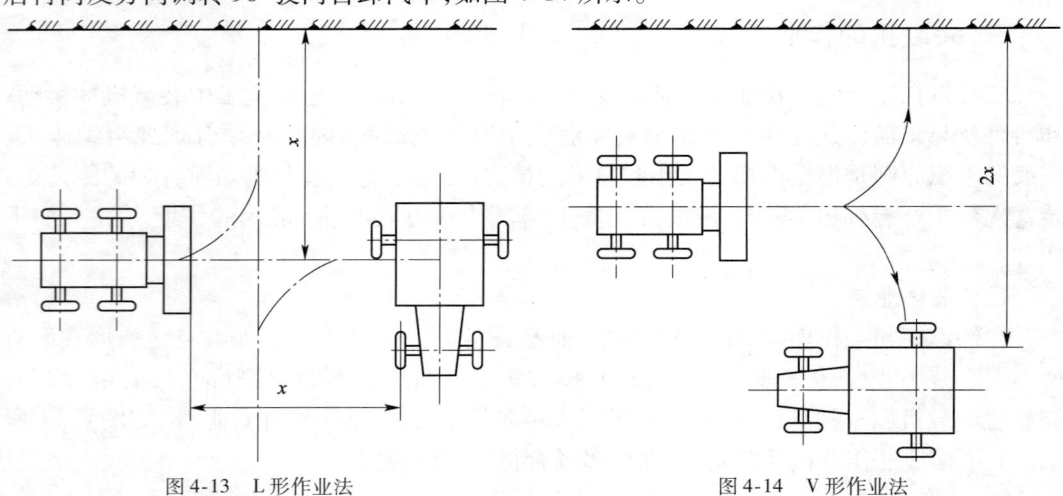

图4-13 L形作业法　　图4-14 V形作业法

以上四种作业方法各有其优缺点,施工中具体选用哪种方法,必须对具体问题进行具体分析,从中选取最经济有效的施工方法。根据作业场地情况,合理选择装载机的作业方式对其生产效率影响很大。装载机与自卸汽车的配合应合理,选择作业方式的一般原则是:

(1)装载机与自卸汽车的工作能力要相互匹配,自卸汽车车箱的容量应为装载机斗容量的整数倍,以免导致不足一斗也要装一次车,造成时间和动力的浪费。

(2)根据料场及料堆的大小,尽量做到装载机作业时的来回行驶距离短、转弯次数少。

(3)装载机的斗容量应与自卸汽车的车箱容积或装载重量相匹配,装载机装满自卸汽车所需的斗数,一般以2~5斗为宜。斗数过多,自卸汽车等待的时间过长;斗数过少,装载机在卸料时对自卸汽车车箱的冲击荷载过大,易损坏车辆,物料也易溢出车箱。

(4)装载机的卸载高度和卸载距离须满足物料能卸到自卸汽车车箱中心的要求。

第三节　装载机的其他作业方式

一、卸载作业

装载机驶向自卸汽车或指定货场,并对准车箱或货台,逐渐将动臂提升到一定高度(使铲斗前翻不致碰到车箱或货台),操纵铲斗手柄前倾卸料(适当控制手柄,以达到逐渐卸料的目的),卸料时要求动作轻缓,以便减轻物料对自卸汽车的冲击。如果物料黏附在铲斗中,可往复扳动操纵手柄,让铲斗振动,使物料脱落。卸料完毕后,收斗倒车,然后使动臂下降进行下一个作业循环。

二、铲运作业

铲运作业是指铲斗装满后,需运到较远的地方去卸载。通常,在软土路面或场地未经平整而不能用自卸汽车运输,以及运距在500m以内用自卸汽车装运不经济的情况下,必须用装载机进行铲运作业。在装载机铲运作业时,为了安全,应将铲斗转至上极限位置,并保持动臂的下铰点距地面400~500mm,运送物料时应根据路面条件来决定装载机的行走速度。

三、推土作业

装载机下降动臂,铲斗平贴地面,使前轮胎略有浮起之感,发动机中速运转,向前推进,如图4-15所示。在前进中遇有阻力时,可稍微提起动臂后继续前进。因此,动臂操纵手柄应在上升与下降之间随时调整。不能扳到上升或下降的任一固定位置。同时,不准推动铲斗手柄,以保证推土作业顺利完成。

四、刮平作业

铲斗向外翻转到底,使刀板触及地面。

硬质地面,动臂操纵杆应放在浮动位置,软质地面则应放在中间位置,变速杆换到后退挡,用铲斗刮平地面,如图4-16所示。为了进一步加工地面,还可以进行精平,在铲斗内装上一些松软土,水平放在地面上,向左右缓慢蛇行,边走边压实,可弥补刮平后的缺陷。与此方法类似的还有拖平作业,如图4-17所示。

图 4-15　推土作业

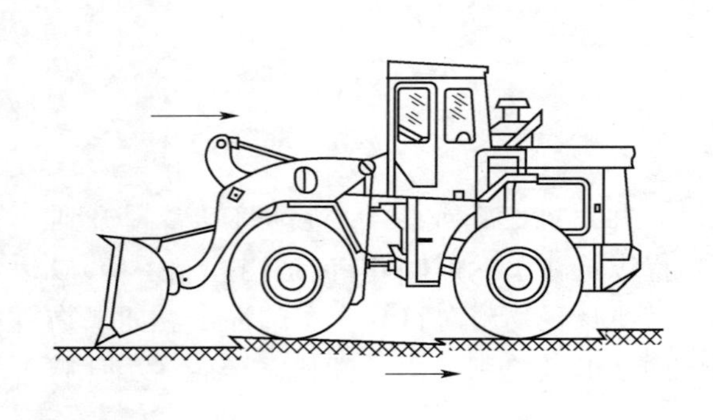

图 4-16　刮平作业

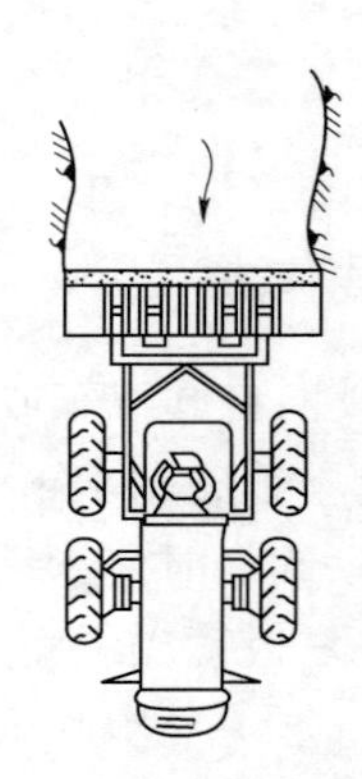

图 4-17　拖平作业

五、压实作业

装载机在做地面压实作业时包括撒土、摊平、碾压与夯实等几道工序。

撒土时，土装入铲斗，在斗底离地 80cm 处将铲斗向上翘起 10°～15°，然后操纵变速杆，快速反复抖动，把所装土均匀撒布在路面上，如图 4-18 所示。

撒土后，可利用机械自重前进、后退并往返行驶，进行碾压。经过撒土、摊平、碾压之后，即可夯实（用机体自重和斗底向地面拍打、夯实），如图 4-19、图 4-20 所示。

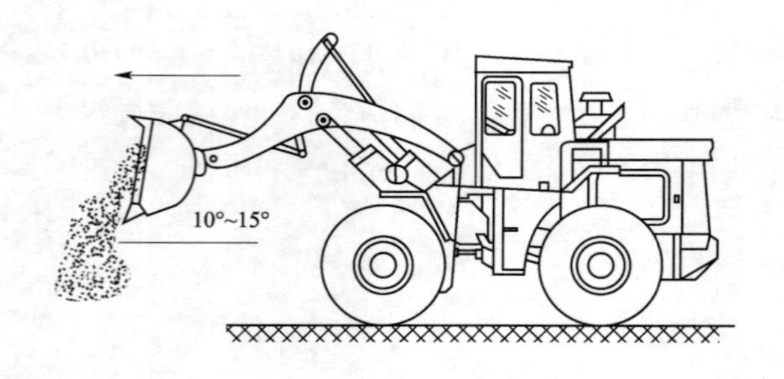

图 4-18　撒土

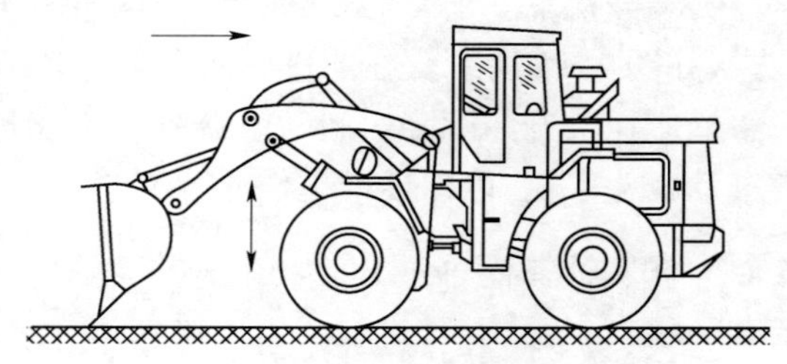

图 4-19　压实

六、堆土作业

装载机先用要铲装的物料做成一个 1∶5 的斜坡，并充分压实，如图 4-21 所示。倾斜面不能过陡，否则会使作业效率下降。然后按照图4-22所示，制作一个使装载机能在上面充分动作的顶面。顶面外周做成圆形作业场并有肩壁，土肩以外应有足够的积土空地，以便向前扩张，扩大堆土面积。用装载机堆土比用推土机堆土效果更好，不仅可充分压实，而且能按照要求达到很好的堆土形状。

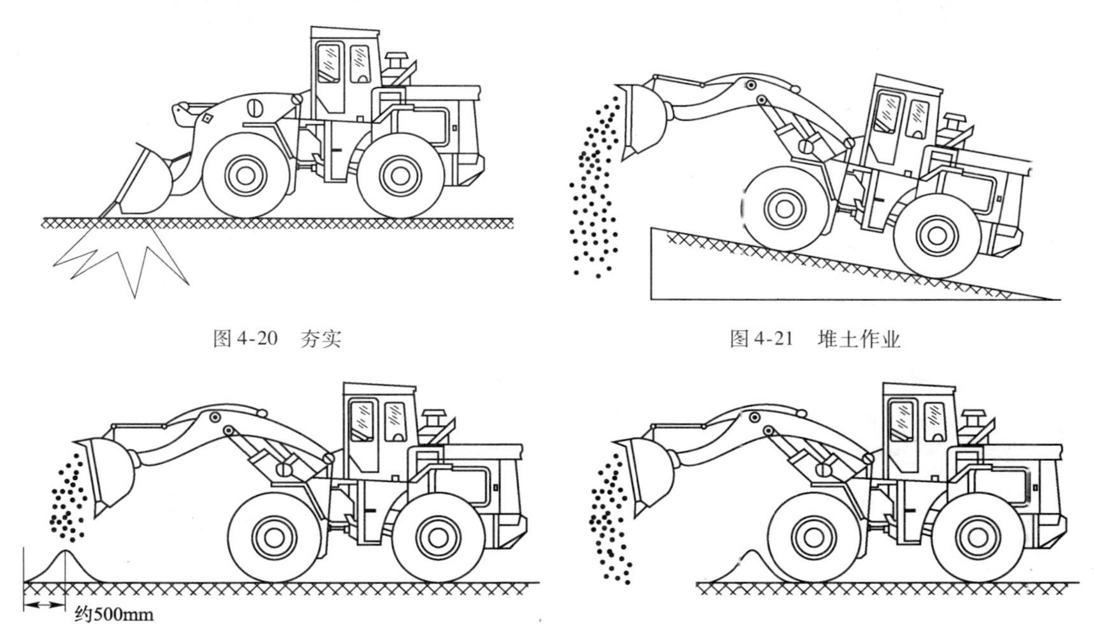

图4-20　夯实

图4-21　堆土作业

图4-22　准备顶面

七、换装工作装置

装载机换上不同用途的工作装置后，还可以进行抓取物料、叉装木料等，这些作业可以用抓斗的剪切动作来完成。

第五章　装载机的维护及检修技术

学习目标

1. 能叙述清楚装载机维护的分级和内容;
2. 能简述装载机维护和检修的技术要求。

装载机的维护,是预防性的维护,是使装载机经常保持在良好的技术状态下运动、提高生产效率、延长装载机的使用寿命和降低成本的关键。

第一节　装载机维护的分级及内容

装载机维护的主要内容是做好检查、清扫、润滑、防腐、紧固及调整等工作。

一、装载机维护的分级

对装载机而言,维护一般分为台班(每天)维护和定期维护。而定期维护一般分为50h维护、100h维护、250h维护、500h维护、1000h维护和2000h维护。装载机进行维护的一般要求是:

(1)将装载机停在水平地面上。

(2)将变速器操纵杆置于空挡。

(3)将所有附件置于中位。

(4)拉起驻车制动器手柄。

(5)关闭发动机。

二、装载机维护的内容

(1)每天维护内容,见表5-1。

(2)50h维护内容,见表5-2。

装载机每天维护内容　　表 5-1

序　号	内　容	序　号	内　容
1	检查机械有无异常、是否漏油	5	检查燃油油位，排除燃油预滤器及燃油粗滤器中的水分及杂质
2	检查发动机机油油位	6	检查灯光及仪表
3	检查液压油箱油位	7	检查轮胎气压及损坏情况
4	检查冷却液液位	8	向传动轴加注各种机油

50h 维护内容　　表 5-2

序　号	内　容	序　号	内　容
1	紧固前后传动轴连接螺栓	6	向前后车架铰接点、后桥摆动架、中间支承，以及其他轴承压注机油
2	检查变速器油位	7	检查蓄电池电解液，保持蓄电池的接线柱清洁并涂上凡士林，避免酸雾对接线柱的腐蚀
3	检查制动加力器油位	8	检查各润滑点的润滑状况，按照整机润滑图的指示，向各润滑点加注润滑脂
4	检查紧急及驻车制动，如不合适则进行调整	9	检查方向及各挡位杆、各操纵踏板是否正常灵活
5	检查轮胎气压及损坏情况		

（3）100h（或半个月）维护内容，见表 5-3。

100h 维护内容　　表 5-3

序　号	内　容	序　号	内　容
1	首先进行前述的检查维护项目	5	第一个 100h 工作日更换变速器油，同时更换变速器油精滤器，并且清理干净变速器油底壳内的粗滤器
2	清扫发动机汽缸盖及变矩器油冷却器	6	第一个 100h 工作日更换驱动桥齿轮油，以后每 1000h 更换驱动桥齿轮油。如果工作小时数不到，每年也至少要更换驱动桥齿轮油一次
3	检查蓄电池液位，在接头处涂一薄层凡士林或黄油	7	清洗柴油箱加油滤网
4	检查液压油箱油位	8	第一个 100h 检查蓄能器氮气预充压力

(4)250h(或一个月)维护内容,见表5-4。

250h 维护内容 表5-4

序号	内容	序号	内容
1	首先进行前述的检查维护项目	6	检查发动机风扇皮带、压缩机及发电机皮带松紧及损坏情况
2	检查轮辋固定螺栓并拧紧	7	检查调整行车制动及紧急驻车制动
3	检查前后桥油位	8	检查发动机的进气系统,目测检查空气滤清器服务指示器。如果指示器的黄色活塞升到红色区域,应清洁或更换空气滤清器滤芯
4	检查工作装置、前后车架各受力焊缝及固定螺栓是否有裂纹及松动	9	第一个250h清理液压系统回油过滤器滤芯。以后每1000h更换液压系统回油过滤器滤芯
5	更换发动机润滑油及机油滤清器(根据不同的质量及发动机使用情况而定)	10	第一个250h检查蓄能器氮气预充压力

(5)500h(或三个月)维护内容,见表5-5。

500h 维护内容 表5-5

序号	内容	序号	内容
1	首先进行前述的检查维护项目	6	更换燃油预滤器和发动机上的燃油粗滤器、精滤器
2	紧固前后桥与车架连接螺栓	7	检查电气设备、电线及接头
3	检查发动机气门间隙	8	检查配气定时及供油提前角,必要时予以调整、校对
4	清洗柴油箱加油及吸油滤网	9	第一个500h检查蓄能器氮气预充压力
5	检查车架铰接销的固定螺栓是否松动		

(6)1000h(或六个月)维护内容,见表5-6。

1000h 维护内容 表5-6

序号	内容	序号	内容
1	首先进行前述的检查维护项目	6	更换液压油箱的回油滤芯
2	更换变速器油,清洗滤油器及油底壳,更换或清洗透气盖里的铜丝	7	清洗燃油箱
3	更换驱动桥齿轮油	8	拧紧所有蓄电池固定螺栓,清洁蓄电池顶部
4	检测各种温度表、压力表	9	检查发动机的张紧轮轴承和风扇轴壳
5	检查发动机的运转情况	10	第一个1000h检查蓄能器氮气预充压力

(7)2000h(或每年)维护内容,见表5-7。

2000h 维护内容 表5-7

序号	内容	序号	内容
1	首先进行前述的检查维护项目	6	检查发动机的减振器
2	检查行车制动及驻车制动工作情况,必要时拆卸检查摩擦片磨损情况	7	更换冷却液、冷却液滤清器,清洗冷却系统。如果工作小时数不到,至少每两年更换一次冷却液
3	清洗检查制动加力器密封件和弹簧,更换制动液,检查制动的灵敏性	8	更换液压油,清洗油箱及加油滤网
4	通过测量油缸的自然沉降量,检查分配阀及工作油缸的密封性	9	第一个2000h检查蓄能器氮气预充压力。工作小时数满250h以后,每250h检查一次
5	检查转向系统的灵活性		

三、装载机维护工作的安全注意事项

(1)维护作业必须在停机时进行,并在驾驶室外悬挂“正在检修,不许发动!”的警告牌,或采取其他可靠的措施。

(2)若有人在机械下工作时,必须用枕木把装载机垫稳,同时利用驻车制动可靠制动。

(3)铲斗在举升位置时不许进行维修作业,必要时,应使用专用支架把动臂撑住或用枕木垫好。

(4)拆卸轮胎时,必须先放气。

(5)轮胎充气时,必须严格执行带弹簧锁圈轮胎的安全作业规程,钢圈装入后,应使用专用工具将轮胎别住,边充气边敲击装合,防止弹簧弹出伤人。

(6)清扫。检查和维护蓄电池时,要严防短路爆炸和硫酸烧伤事故,严格执行酸蓄电池维护使用规程。

四、装载机的存放

1. 存放前

如装载机需长期存放时,操作步骤如下:

(1)清洗车辆每个部分、晾干,存放于干燥的库房内。如果车辆只能露天存放,则应停在易排水的混凝土地面上,并用帆布盖上。

(2)存放前,燃油箱注满油,加注润滑油脂、制动液。

(3)油缸活塞杆外露部分涂一层薄润滑油。

(4)拆下蓄电池负极搭铁线,并盖上蓄电池箱盖,或将蓄电池从车辆上拆离,单独存放。

(5)如果气温下降到0℃以下,要在发动机散热系统的冷却水中加防冻液。

(6)各种操纵杆放置于中位,连接前后车架铰接固定杆,然后拉上驻车制动器手柄。

2. 存放中

(1)日常存放。

①装载机铲斗保持水平接地状态,尽可能在室内干燥的地方存放。如果在室外存放时,要用罩布遮盖。

②将起动开关放在“关”的位置,拔出钥匙并妥善保管。

③拔出钥匙后,将工作装置操纵杆慢慢操作 2~3 次,除去油缸和软管内的余压,然后将操纵杆放在中间位置。

④将变速器操纵杆放在空挡,并拉紧驻车制动器手柄。

⑤要用固定杆将前车架和后车架连接。

⑥所有带锁的部位均应锁死,并拔出钥匙妥善保管。

⑦在冬季或寒冷季节时(气温在 0℃以下时),冷却水中要添加防冻液,不使用防冻液的车辆,要将冷却水完全排出,防止发动机结冰冻裂。

(2)长期存放。

机械分短期存放和长期存放两类。短期存放期限不超过两个月,存放期限超过两个月为长期存放。装载机存放场地应有遮盖、通风、干燥且无腐蚀性及有害的物质和气体。装载机存放前外露易锈蚀部位(如活塞杆和轴等)应涂防锈脂,长期存放前机身表面应进行喷蜡防锈蚀处理。

①一个月不使用时,除“日常存放”的注意事项之外,还要每一周启动车辆行走一次,同时操纵工作装置,准备能够随时使用。

②一个月以上不使用时,除“日常贮放”的注意事项之外,还要进行下列项目。

A. 检查各部位有无规定量的油。

B. 考虑到雨季雨水量,装载机应尽量停放在高处的硬质路面上。

C. 蓄电池要卸下。即使在室内停放,如果是暑热或潮湿的地方,蓄电池也应放在其他干燥的地方保管,每一个月进行一次补给充电。

D. 浸入湿气的地方(通气装置、空气滤清器)要盖上罩布。

E. 轮胎的气压调整为标准气压,检查轮胎的磨耗和损坏。为了除去轮胎负担的荷重,可用顶起车辆等方法,使其浮起;如果不能顶起时,为了使轮胎保持适当气压,务必每两周检查一次气压。

F. 每一周进行一次使车辆恢复能开动状态的检查,起动发动机,进行充分暖机运转后,使车辆向前、后运行。如果要使工作装置动作时,应先将活塞杆上涂的机油擦净后进行。结束操作后,再涂一层薄机油。

3. 长期存放后再启用

(1)将防潮用的覆盖物除去。

(2)将涂在露出部分的防锈脂擦净,各铰接处加注润滑脂。

(3)将发动机曲轴箱、变速器及驱动桥内的油排出后清洗,换新油。

(4)要从油箱和燃油箱排出污染物和混进的水。

(5)将发动机气门罩盖取下,向摇臂轴部位注油,检查其动作状态。

(6)将冷却水按照规定量注入水箱。

(7)将卸下的蓄电池充电后重新装上,与电缆线连接。

(8)按照规定压力,调整轮胎的气压。

(9)进行作业前的检查。

(10)进行热机运转。

第二节　装载机的检修技术

做好装载机的维护及修理工作,是保证装载机能高效运转的重要措施。那么,了解装载机各组成系统的检修方法和技术要求就是做好装载机维护的关键。

一、小修、中修和大修的具体要求

1. 小修

装载机小修的目的是消除设备在使用过程中,由于零件磨损和维护不良所造成的局部损伤,调整或更换配合零件,使机器恢复其工作性能和技术状况,以维持设备的正常运转。

小修主要是对设备进行全面的检查与紧固,更换与修复少量的磨损零件,并对部分机构进行调整等,其修理间隔期一般为 3 个月。

小修的项目除了包括前面所述的维护工作内容外,还包括表 5-8 的内容。

小　修　项　目　　　　表 5-8

序　号	分　类	内　容
1	柴油机	清除汽缸盖积炭,检查活塞,更换活塞环
		检查轴瓦间隙,紧固各螺栓
		检验配气机构,调试喷油压力,更换烧坏、堵塞的喷油嘴
2	传动系统	检查变矩器、变速器、液控离合器、前后桥包,轮边减速器的紧固、密封和工作状况
		检查传动轴万向节、支撑轴承等的紧固、磨损情况
3	制动系统	拆检盘式制动器
4	工作机构	检查各油缸的密封和动作状况,检查铲齿
5	液压系统	清洗油箱,更换液压油

2. 中修

中修和小修的差别是,中修需要拆卸设备和检查其重要零件的状况、更换和修复使用寿命较小的零件、解决各部件间不协调的状况。在中修时,时常进行机组全部拆卸,清洗所有的部件,检查磨损,更换和修复磨损的零件,并清除在小修中不可能消除的缺陷。

中修的间隔期一般为 12 个月,除小修的工作内容外,还包括表 5-9 的内容。

中修项目 表5-9

序号	分类	内容
1	柴油机	检查汽缸磨损程度,必要时更换汽缸套,曲轴轴瓦、连杆轴瓦、连杆衬套、活塞部件
		研磨或更换气门、气门座,更换气门弹簧
		修理冷却水泵
		修理或更换散热器及冷却水箱
2	变矩器及变速器	变速器及液控离合器解体检查,更换所有密封件、磨损的轴承及摩擦片、离合器、失效的复位弹簧等
3	前、后桥包	调整螺旋锥齿轮的啮合间隙
4	轮边减速器	更换密封件及磨损的轴承等
5	转向系统	拆检转向油缸,更换活塞密封圈及其他密封件
		检查油缸铰接点的磨损情况
6	制动系统	拆检制动阀、加力器,更换磨损、失效的零件
7	工作机构	拆检各油缸,更换活塞密封圈及其他密封件
8	液压系统	拆检清洗分配阀、转向阀、变速阀、换向阀等
9	电气系统	修理起动机、发电机及信号、照明、线路系统等
10	其他	修理或更换后桥摆动架的滑动轴承

3. 大修

大修的作用是完全恢复设备的正常状况和工作能力。大修过程中,拆卸机械的全部零件,仔细地检查全部零件,修整或更新全部磨损部分。

大修的维修周期一般为24个月,其修理项目除包括中修各项外,还包括表5-10的内容。

大修项目 表5-10

序号	分类	内容
1	柴油机	更换与修理全部磨损的零部件,全面恢复整机的各项技术性能
2	变矩器及变速器	更换所有轴承,必要时修理或更换泵轮、涡轮、导轮、传动齿轮等
3	前后桥包、轮边减速器	更换所有轴承、差速器齿轮、传动轴、齿轮套筒等
4	转向系统	修理转向器及随动机构,必要时修理或更换转向油缸缸体、活塞杆
5	制动系统	修理空压机系统管路
6	工作机构	检查动臂有无变形、裂纹等,必要时修理或更换,必要时修理或更换转向油缸缸体、活塞杆

续上表

序　号	分　类	内　容
7	液压系统	拆检清洗压力限制阀、流量控制阀，更换密封件和弹簧，修理系统管路，必要时更换齿轮油泵等
8	电气系统	全面检查、修理，必要时更换起动机、发电机、系统线路及各种失效的零件、元件、开关、仪表等
9	其他	更换前后车架铰接销轴、轴承，修理、紧固驾驶室，调整、修理操纵机构及整机除锈喷漆等

二、装载机的检修验收标准

1. 关键部位大中修的检修标准

(1)一级维护。

检查各部位螺钉紧固、加油点的润滑情况，调整各个传动部位皮带张紧度、制动系统、转向灯光等部位的检查处理。

(2)二级维护。

定期换机油滤清器、空气滤清器、燃油滤清器；更换发动机机油、变速器机油；横直拉杆球头检查处理、传动轴、十字轴承检查处理、驻车制动调整、检查调校高压泵、喷油器。

(3)大修。

①发动机大修时，主要工作内容有磨曲轴、修理更换连杆轴瓦、曲轴轴瓦、连杆衬套、凸轮轴轴瓦、校验连杆达到标准，更换进排气门、气门座圈、校验喷油器、分解检查调整各部间隙，更换不合格部件。

②变速器：分解检查、调整各部位间隙更换不合格部件。

③检修处理全车线路达到标准。

④整车外观检查处理，必要时局部或全车喷漆。

⑤检查大梁有无变形开裂。

2. 关键部件的检修标准

(1)发动机。

①发动机能正常起动熄火，运转正常。

②发动机机油压力，正常怠速 0.15～0.25MPa；全速 0.35～0.55MPa。水温(热车)不超过 90℃。

③各部无窜烟、漏气现象，排烟正常；长时间工作时，增压器温度正常。

④机油耗符合标定指标。

(2)转向系统。

①转向轻便灵活，运行时方向稳定。

②液压转向助力器安装牢固，压力正常、无泄漏。

(3)行驶与制动系统。

①检查行车制动、驻车制动工作是否可靠。

②底盘无变形、裂纹、开焊,各部连接紧固。

③轮辋应完整无损,螺母齐全、紧固。

④轮胎气压承受的负荷符合规定,轮胎表面无硬伤和露线。

(4)电气系统。

①安装的灯具,其灯泡要有保护装置,安装牢固符合标准。

②车辆的近光灯、远光灯、尾灯、倒车灯等必须齐全有效,车辆设置的前喇叭和倒车喇叭应有效。

③所有电器导线必须捆扎成束,整齐固定。

④车辆应装有电源总开关。

(5)车身和驾驶室。

①车身漆面整洁、不锈蚀、后视镜和挡泥板设置有效。

②车辆各部分视线良好,设有刮水器和遮阳装置。

③各种仪表设置合理、工作正常并配有仪表灯。

④蓄电池箱、燃油箱、液压油箱托架无严重腐蚀、变形,安装牢固。

(6)传动系统。

①传动系统各部连接牢固,润滑良好、不漏油。

②变速器工作正常、不缺油、不漏油,油压、油温符合规定。

③变速器输入、输出平稳,无振动、无失速。

④主传动轴、差速器、差速锁装置工作正常、半轴螺栓无松动、动桥无漏油。

3.通用部分的检修标准

(1)各部螺栓齐全,平垫、弹簧垫片数量符合标准无失效。严禁用螺母等代替平垫、弹簧垫使用。

(2)球头、转向等特殊转矩部位,必须使用开口销,不得用铁丝代替。

(3)各部油、气、水管路走向合理,无磨损、无渗漏、无铰接,每1m跨度要用卡子固定。

(4)结构件焊接必须牢固,非焊接点位严禁焊接。

(5)电器线路线头必须使用铜尾;继电器、熔断器、开关等部件固定牢固;1m以内不许有接头;不准使用临时线,因短路或断路造成的外接线路必须与原线路捆扎成束,接触油、水部位必须有防护外皮。

(6)各类防护装置不允许拆除和短接,保护值禁止随意调整。

(7)各部位间隙调整符合规定标准。

(8)设备运行稳定,振动、噪声、温升等在允许范围以内。

(9)各部位螺栓要按标准转矩紧固,使用扭力扳手时转矩要均匀。

4.装载机的维护标准

(1)设备本体及周围清洁、整齐、无积灰、无油垢、无矿物和杂物堆积。按时清扫及排污,各部位的防尘护罩及设施齐全有效。

(2)润滑装置保持齐全完好,油质清洁,按润滑图表“五定”要求进行润滑。

(3)各部位零件、附件保持完整无缺,调整、紧固良好。

(4)无漏油、漏水、漏气现象。各部位油、水、电解液等添加量符合技术要求,无变色变质现象,其标号符合规定要求。

(5)设备运行、润滑、缺陷等原始记录齐全正确。

(6)设备的易损、易耗件按标准及时更换,避免对设备本体造成损害。各部位滤清器按各级维护周期及时清洁更换。

(7)各种零部件规格符合设备标准要求,不得擅自更改。

(8)各部位紧固螺栓符合装配标准,防松符合要求,不得擅自添加、变更。各部位杆件无变形,连接无松动。各部位传动皮带无松弛、无损伤,紧度符合技术要求。

(9)管路和接口固定采用合适的标准管卡,不允许使用铁丝等替代。

(10)各部位间隙调整符合规定标准。

(11)各类保护装置不允许拆除和短接,保护值禁止随意调整。

(12)按要求进行设备巡检,及时发现设备隐患和缺陷。

三、装载机的维修安全注意事项

维修安全注意事项,见表5-11。

维修安全注意事项　　表5-11

序　号	注意事项	序　号	注意事项
1	维护、检查、调整工作必须停机进行	4	配制电解液时,千万不要先把蒸馏水倒入硫酸中,应先把硫酸倒入馏水中,电解液的密度应为1.23~1.28g/cm^3
2	铲斗在举高位置下进行检修作业时,必须用插销、枕木或支架等将大臂垫住	5	严禁在热机状态下用水冲洗柴油机,同时严禁用水冲洗电气仪表设备
3	检查和维护蓄电池时,严禁将金属物件放在蓄电池上,以防止短路,同时防止硫酸溢出伤人	6	拆卸液压系统及气压系统(管子或元件)时,应先排除管内压力

第六章　装载机主要组成部件的维护

学习目标

1. 能简述装载机主要组成部件的维护内容；
2. 能对装载机主要组成部件进行维护。

在装载机的使用过程中，为防止主要机械故障和与之相关的零部件损坏，在故障出现之前就应进行修理，以节约维修成本，使整机零部件具有较长的使用寿命，提高整机的机械效益，保持良好的工作性能，降低维修难度和工作量，要通过对装载机运行的跟踪检查，做好主要组成部件的维护工作。

第一节　柴油机的维护

柴油机是装载机的"心脏"，是装载机的动力来源。在柴油机正常使用过程中，由于使用、润滑、冷却、维护不当会出现各种各样的故障，为预防故障的发生，就要对柴油机进行有计划的维护。无论进行何种维护，都应有计划、有步骤地进行拆检和安装，并合理使用工具，用力要适当。解体后的零部件表面应保持清洁，并涂上防锈油或油脂以防止生锈，特别注意可拆零件的相对位置、不可拆零件的结构特点以及装配间隙和调整方法。同时应保持柴油机及附件的清洁、完整。

一、柴油机的维护程序

1. 日常维护

日常维护（每班工作）项目及维护程序可按表6-1所示进行。

2. 100工作小时维护

100工作小时维护项目除日常维护项目外，尚需增加的项目见表6-2。

3. 250工作小时维护

250工作小时维护项目除100工作小时维护项目外，还需增加以下项目。

（1）更换柴油机机油及机油滤清器，更换喷油泵及调速器内的机油（非强制性润滑）。

(2)更换柴油滤清器滤芯。

(3)更换空气滤清器滤芯。

日 常 维 护

表6-1

维护项目	维护程序
柴油机运行报告	应向维护部门报告以下情况： 1. 机油压力低； 2. 功率低； 3. 功率增加或发动机悠车； 4. 加速踏板控制失效或不响应； 5. 任何报警指示灯闪或持续亮； 6. 冷却液温度或油温异常； 7. 系统噪声异常； 8. 排烟过大； 9. 冷却液、燃油或机油消耗过多； 10. 燃油、冷却液或机油泄漏； 11. 零件松动或损坏； 12. 皮带磨损或损坏
检查油水分离器	排出油水分离器中的水，逆时针转动排水阀放水，直到看到清洁的柴油为止，顺时针拧紧排水阀，但不要拧得过紧
检查发动机冷却液	应等到冷却液温度降至50℃以下时才能拆下压力盖。不要向热发动机中添加冷却液，要等到发动机温度降至50℃以下再添加冷却液，向发动机添加的补充冷却液必须与正确比例的防冻液、辅助添加剂和水混合
检查燃油箱油量	观察燃油箱存油量，根据需要添足
检查发动机机油油位	检查时发动机机油油位时车辆必须水平停置，至少等发动机停机15min后，再开始检查机油油位。机油油面应在机油标尺的上、下刻线之间，不足时，应加到规定量
冷却风扇	每天应目测检查冷却风扇，确保其安装牢固
驱动皮带	每天应检查皮带是否有交叉裂纹，如果皮带有裂纹、磨损或残缺，则更换皮带；如果皮带损坏则更换皮带
检查喷油泵调速器机油平面	油面应达到机油标尺上的刻线标记，不足时应加至规定量
检查三漏(水、油、气)情况	消除油、水管路接头等密封面的漏油、漏水现象；消除排气管、汽缸盖垫片处及涡轮增压器处的漏气现象
检查柴油机各附件的安装情况	包括各附件安装的稳固程度、柴油机地脚螺钉与车架相连接的牢靠性
检查各仪表	观察读数是否正常，否则应及时修理或更换
检查喷油泵传动连接盘	连接螺钉是否松动，如松动应重新校准喷油提前角并拧紧连接螺钉
清洗柴油机及附属设备外表	用干布或渗柴油的抹布擦去机身、涡轮增压器、汽缸盖罩壳、空气滤清器等表面上的油渍、水和灰尘；用压缩空气吹净发电机、散热器、风扇等表面上的灰尘

100 工作小时维护 表6-2

维护项目	维护程序
检查蓄电池电解液密度	1.用密度计测量电解液比重,此值应为1.28~1.30(环境温度为20°C时),一般不应低于1.27; 2.蓄电池液面应高于极板10~15mm,不足时应加注蒸馏水
检查风扇皮带的张紧程度	在两皮带轮中部向下施加40~50N的作用力,皮带下沉10~15mm为宜,否则按皮带张紧的调整方法调整皮带的松紧程度
空气滤清器的维护	拆下空气滤清器: 1.检查内、外滤芯的密封胶圈是否损坏; 2.外滤芯(主滤芯)可用压缩空气由里向外将灰尘吹干净,压缩空气压力为0.15~0.4MPa; 3.内滤芯(安全滤芯)不能用压缩空气吹,只能用软毛刷将其刷干净; 4.当主滤芯的滤纸产生扭曲、粘贴、间隔不匀等变形、滤纸堵塞、破损等情况时,必须及时更换;当安全滤芯内外颜色变得基本一致时,要及时更换
加注机油或润滑脂	对所有注油嘴及机械式转速表接头等处,加注符合规定的润滑脂或机油
清洗冷却水散热器	将清洁的水通入散热器中,将其中沉淀物质清除干净为止

4.500 工作小时维护

500工作小时维护项目除250工作小时维护项目外,还需增加的项目见表6-3。

维护项目及程序 表6-3

维护项目	维护程序
检查喷油器	检查喷油压力,观察喷雾情况,另进行必要的清洗和调整
检查喷油泵	必要时重新调整
检查气门间隙、喷油提前角	必要时进行调整
检查进、排气门的密封情况	拆下汽缸盖,观察配合锥面的密封、磨损情况,必要时研磨修理
检查水泵漏水情况	如溢水口滴水成流时,应调换封水圈
检查汽缸套封水圈的封水情况	拆下机体大窗口盖板,从汽缸套下端检查是否有漏水现象,否则应拆出汽缸套,调换新的橡胶封水圈
检查冷却水散热器和机油冷却器	如有漏水、漏油,应进行必要的修补
检查主要零部件的紧固情况	对连杆螺钉、曲轴螺母、汽缸盖螺母等进行检查,必要时要拆下检查并重新拧紧至规定力矩
清洗机油、燃油系统管路	包括清洗油底壳、机油管道、机油冷却器、燃油箱及其管路,清除污物并应吹干净
清洗冷却系统水管道	除了可用清洗液外,还可用每升水加150g苛性钠(NaOH)的溶液灌满柴油机冷却系统,停留8~12h后开动柴油机,使出水温度到75°C以上,放掉清洗液,再用干净水清洗冷却系统
清洗涡轮增压器的气、油道	包括清洗导风轮、压气机叶轮、压气机壳内表面、涡轮及涡轮壳等零件的油污和积炭

二、柴油机的维护方法

1.柴油机冷却系统的使用与维护

(1)冷却液液位检查方法。冷却液散热器的加水口,如图6-1所示。

①必须等到发动机冷却液的温度降到50℃以下,再慢慢拧开散热器加水口盖,释放压力。以免被高温蒸气或喷洒出的高温冷却液烫伤。

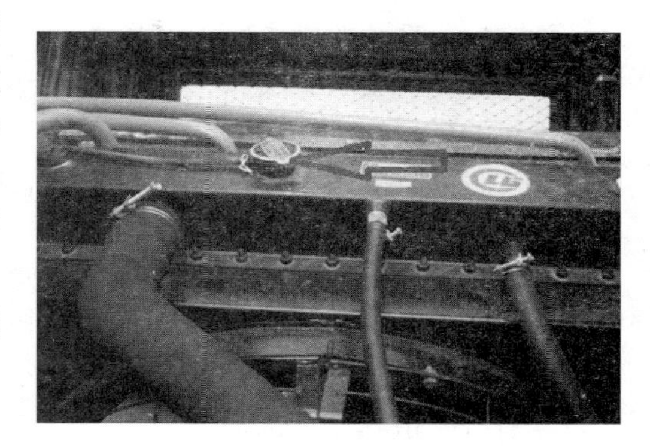

图6-1　冷却液加水口

②检查冷却液液位是否位于加水口下1cm范围内,必要时补充冷却液。

③检查水散热器加水口盖的密封,如果损坏则应更换。

④拧好水散热器加水口盖。

⑤如果每天都要补充冷却液,则要检查发动机冷却系统的泄漏情况。如果存在泄漏,则应消除泄漏,并补充防冻液至规定的液位。

(2)添加冷却液的操作步骤。

①必须事先按选定的冷却液配比,将水和防冻液完全混合。由于防冻液对发动机的吸热能力不如水,所以在与水完全混合前不能先将防冻液注入发动机,否则会造成发动机过热。

图6-2　进水管手动阀

②接通电源负极开关;将钥匙插入起动开关并顺时针转到第一挡,接通整车电源;将空调系统的转换开关扳到暖风挡。

③将发动机的进水管上的手动阀转到接通位置(如图6-2所示,在接通位置时,阀手柄与管路走向一致)。

④打开水散热器加水口盖,将冷却液缓慢加入,直至液面到达水散热器加水口下1cm范围内为止,并且10min内保持稳定。

⑤保持水散热器加水口盖打开,起动发动机,先在低怠速下运转5min,再在高怠速下运转5min,并且使冷却液温度达到85℃以上。

⑥再次检查冷却液液位,如有必要,继续补充冷却液直至液面到达水散热器加水口下1cm范围内。

⑦检查水散热器加水口盖的密封,如果有损坏应更换。

注意:

①切勿单独用水作冷却液。腐蚀引起的损坏是单独用水作冷却液的结果。

②在注入冷却液时,必须把空气从发动机冷却系统管道中排出。

③不要向高温的发动机补充冷的冷却液,否则可能会导致发动机机体的损坏。应等到发动机温度低于50℃后,再进行补充。

(3)清洗冷却系统。

在每2000个工作小时或两年(以先到为准),应彻底更换冷却系统的冷却系统的冷却液,并清洗冷却系统。在此前,如果冷却液被污染,发动机过热或散热器中出现泡沫,就应该清洗冷却系统。

清洗冷却系统的操作步骤如下:

①接通电源负极开关;将钥匙插入起动开关并顺时针转到第一挡,接通整车电源;将空调系统的转换开关扳到暖风挡。

②将发动机的进水管上的手动阀门转到接通位置(在接通位置时,阀门手柄与管路走向一致)。

③起动发动机,怠速运转5min后,将发动机熄火。再把起动开关转到第一挡,接通整车电源,空调系统的转换开关处在暖风挡,使空调的电磁水阀处在打开状态。

④必须等到冷却液温度降到低于50℃后,再慢慢拧开水散热器加水口盖,释放压力。

⑤打开水散热器底部的放水阀门和发动机润滑油冷却器的泄放阀,将发动机的冷却液排出,并用容器盛接。

⑥在发动机冷却液排放干净后,关上水散热器底部的放水阀门(图6-3)和发动机机油冷却器的泄放阀(图6-4)。

图6-3 放水阀

图6-4 泄放阀

⑦检查冷却系统的所有水管、管夹是否损坏,如有必要进行更换。检查水散热器有否泄漏、损坏和脏物堆积,根据需要进行清洁和修理。

⑧向发动机冷却系统加入用水和碳酸钠混合配成的清洗液,其混合比例是每23L水中加入0.5kg碳酸钠。液位应到达发动机正常使用的液位,并且10min内保持稳定。

⑨保持水散热器加水口盖打开,起动发动机,当冷却液温度上升到80℃以上时,再运行发动机5min。

⑩关闭发动机,泄放清洗液。

⑪向发动机冷却系统加入干净水到正常使用液位,并保持10min不变化。保持水散热器加水口盖打开,起动发动机,当冷却液温度上升到80℃以上时,再运行发动机5min。

⑫关闭发动机,将冷却系统中的水排干净。如果排出的水仍是脏的,必须再次清洗系统直至排出的水变得干净。

⑬更换新的冷却液滤清器,关闭所有的泄放阀。然后按照前述的添加冷却液操作规

程加入新的冷却液。

注意：

①在注入冷却系统清洗液时，必须把空气从发动机冷却系统管道中排出。

②在整个冷却系统清洗过程中，发动机运行时切勿盖上水散热器加水口盖。

③发动机冷却液是有毒的，不能饮用。

2. 空气滤清器的维护

柴油机空气滤清器由主滤芯和安全滤芯组成，如图 6-5、图 6-6 所示。如果发动机高速空转时，空气滤清器服务指示器（图 6-7）的黄色活塞升到红色区域，就应维护空气过滤器。

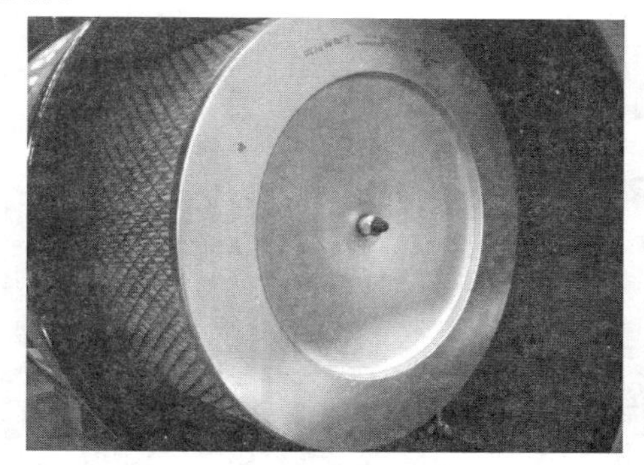

图 6-5　主滤芯

图 6-6　安全滤芯

空气滤清器的维护注意事项：

（1）清洁主滤芯时不能敲打，否则会导致发动机损坏。

（2）如果清洁主滤芯后，起动发动机，空气滤清器服务指示器的黄色活塞仍升到红色区域，或发动机仍排出黑色烟雾，则应更换一个新的安全滤芯。

（3）主滤芯在清理过 6 次后应更换，即使没有清理过 6 次，每年也应更换一次。在更换主滤芯时，要同时更换安全滤芯。

（4）安全滤芯只允许更换新滤芯，不允许清理后再次使月。

（5）在更换主滤芯时，应同时更换安全滤芯。

3. 柴油的使用及维护

柴油机的燃油泵和喷油嘴是十分精密的装置，如果柴油中混有水或脏物，燃油泵和喷油嘴将不能正常工作，并且磨损加快。所以在维护中应采取措施消除柴油中的水分和杂质。

（1）排出柴油中水分和杂质的方法。

①加油前，每周一次拧开柴油箱底部的放油螺塞，如图 6-8 所示，将油箱底部的水分和杂质排出。

②每次加满柴油箱后（加油口如图 6-9 所示），应停留 5 ~ 10min 时间再起动发动机，以便柴油中的水分和杂质沉淀到柴油箱底部。

③每天工作后，拧松柴油预滤器、柴油粗滤器底部的排水塞，如图 6-10 所示，将水分和杂质排出。

④不要等到柴油箱的油用完后再添加，这样发动机会熄火，而且柴油箱底部的柴油含有较多的水分和杂质，会影响发动机的正常工作。

图 6-7 空气滤清器服务指示器

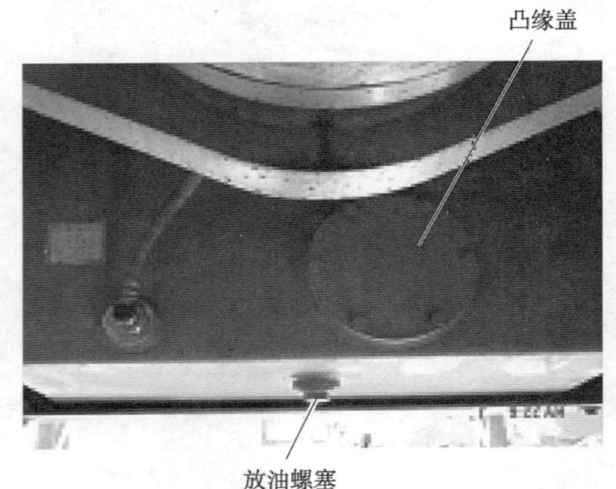

图 6-8 放油螺塞

图 6-9 加油口

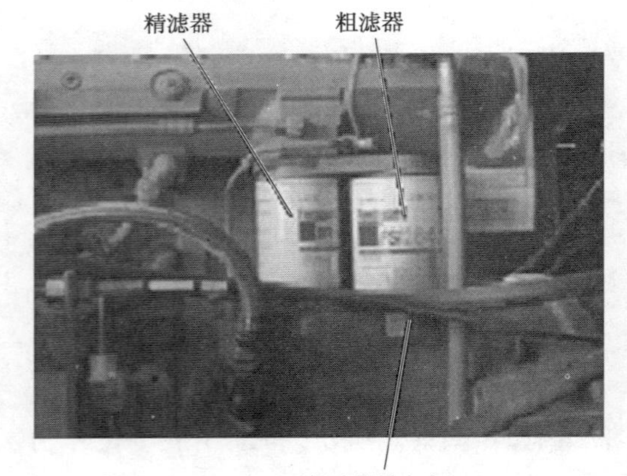

图 6-10 柴油粗滤器、预滤器排水塞

(2)柴油滤清器的更换方法。

①取掉安装座的螺纹接头上的密封垫 1,如图 6-11 所示。用无纤维布清理干净安装座的密封面。

②安装一个新的密封垫到滤清器安装座的螺纹接头上;在滤清器的密封面涂上一层发动机机油;将滤清器内充满干净的柴油,如图 6-12 所示。

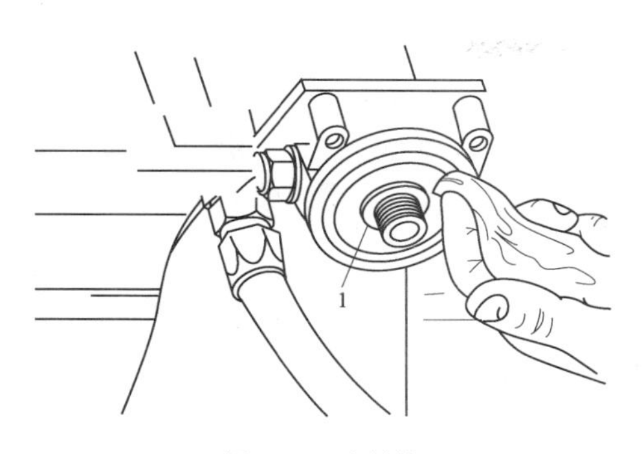

图 6-11　密封垫

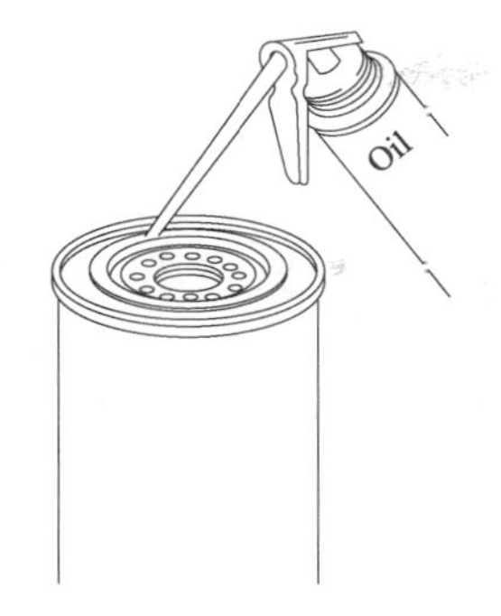

图 6-12　滤清器加油

③用手把滤清器拧到安装座上，在滤清器的密封垫刚好接触到安装座后，再拧紧 1/2 圈～3/4 圈即可，如图 6-13 所示。不可用机械方法过分拧紧，以免损坏滤清器。

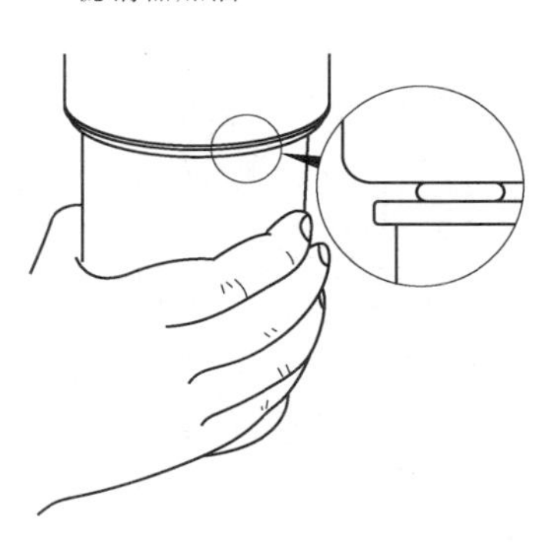

图 6-13　安装滤清器

4. 机油的维护

柴油机机油正常油位应在油位尺的“L”刻度和“H”刻度之间。如果油位在“L”刻度之下，应补充机油；如果油位在“H”刻度之上，应拧松机油盘底部的放油螺塞，放出部分机油。柴油机机油尺及机油加油口，分别如图 6-14、图 6-15 所示。

注意：发动机的机油过多和过少都会造成发动机的损坏。

图 6-14　机油尺

图 6-15　加油口

第二节　液压系统的维护

对液压系统的正确使用与精心维护，可以防止液压元件过早磨损和遭受不应有的损坏，从而延长其使用寿命。对液压系统进行有计划的修理，可使其经常处于良好的技术状态，发挥应有的效能。

一、液压系统的维护要求

1. 使用维护要求

为了保证装载机能达到预定的生产能力和稳定可靠的技术性能，对装载机必须做到：熟练操作、合理调整、精心维护和计划检修。对于载机液压系统，在使用时有下列要求：

(1)按设计规定和工作要求，合理调节液压系统的工作压力和工作速度。当压力阀和调速阀调节到所要求的数值后，应将调节螺钉紧固牢靠，以防松动。对设有锁紧件的元件，调节后应把调节手柄锁住。

(2)按使用说明书规定的牌号选用液压油。在加油之前，油液必须过滤。同时，要定期对油质进行取样化验，若发现油质不符合使用要求时必须更换。

(3)装载机液压系统油液的工作温度不得超过80℃，一般应控制在35～70℃范围内。若超过规定范围，应检查原因，予以排除。

(4)保证电磁阀正常工作，必须保证电压稳定，其波动值不应超过额定电压的+5%～15%。

(5)不准使用有缺陷的压力表或无压力表的情况下工作或调压。

(6)当液压系统某部位产生故障时(例如，油压不稳、油压太低、振动等等)，要及时分析原因并处理，不要勉强运转，造成大事故。

(7)经常检查和定期紧固管件接头、凸缘等等，以防松动。对高压软管要定期更换。

(8)定期更换密封件。密封件的使用寿命，一般为一年半到两年。

2. 操作维护规程

装载机液压系统的操作维护，除满足对一般机械设备的维护要求外，还有其特殊要求，其内容如下：

(1)操作工必须熟悉装载机所用的主要液压元件的作用，熟悉液压系统原理，掌握液压系统的动作顺序。

(2)操作工要经常监视液压系统的工作状况，观察工作压力和速度，检查液压缸或液压马达情况，以保证液压系统工作稳定可靠。

(3)在装载机液压系统工作前，应检查所有运动机构主电磁阀是否处于原始状态，检查油箱油位。若发现异常或油量不足，不准起动，应由维修人员进行处理。

(4)夏季工作过程中，当油箱内油温高于70℃时，要注意液压系统工作状况，并通知维修人员进行处理。

(5)操作工不准对各液压元件私自调节或拆换。

(6)当液压系统出现故障时，操作工不准私自乱动，应立即报告维修部门。维修部门有关人员应速到现场，对故障原因进行分析并排除。

(7)液压系统应经常保持清洁，防止灰尘、棉纱等杂物进入油箱。

(8)操作工要按设备点检卡规定的部位和项目进行认真点检。

3. 点检与定检

点检是设备维护的基础之一。液压传动装置的点检，是按规定的点检项目，检查液压装置是否完好、工作是否正常，从外观上进行观察，听运转声音或用简单工具、仪器进行测试，以便及早发现问题，提前进行处理，避免因突发事故而影响生产和产品质量。通过点检可以把液压系统中存在的各种不良现象排除在萌芽状态。通过点检还可以为装载机维修提供第一手资料，从中可以确定修理项目，编制检修计划，并可以从这些资料中找出液压系统产生故障的规律，以及油液、密封件和液压元件的使用寿命和更换周期。

点检分为两种：一是日常点检，由操作工执行。二是定期检查（定检），指间隔在一个月以上的点检，停机后由维修人员检查。点检卡要纳入设备技术档案，并可作为修理依据之一。

液压系统点检的内容：

(1)各液压阀、液压缸及管子接头处是否有外漏。

(2)液压泵或液压马达运转时是否有异常噪声等现象。

(3)液压缸移动时工作是否正常平稳。

(4)液压系统的各测压点测试压力是否定在规定的范围内，压力是否稳定。

(5)油液的温度是否在允许范围内。

(6)液压系统工作时有无高频振动。

(7)油箱内油量是否在油标刻线范围内。

(8)定期对油箱内的油液进行取样化验，检查油液质量。

(9)定期检查蓄能器工作性能。

(10)定期检查和紧固重要部位的螺钉、螺母、接头和凸缘螺钉。定期检查冷却器和加热器工作性能。

二、定期维护的内容与要求

液压系统能否正常工作，定期维护是十分重要的，其内容如下：

1. 定期紧固

液压系统在工作过程中由于空气侵入系统、换向冲击、管道自振、系统共振等原因，使管接头和紧固螺钉松动，若不定期检查和紧固，会引起严重漏油，导致设备和人身事故。因此，要定期对受冲击影响较大的螺钉、螺母和接头等进行紧固。对于中压以上的液压元件，其管接头、软管接头、凸缘盘螺钉、液压缸固定螺钉和压盖螺钉、液压缸活塞杆（或工作台）止动调节螺钉、蓄能器和连接管路等，应每月紧固一次。对中压以下的液压元件可每隔三个月紧固一次。同时，对每个螺钉的拧紧都要均匀，并要达到一定的拧紧力矩，见表6-4。

液压件连接螺钉拧紧力矩(N·m)　　表6-4

螺纹直径	承受压力(p)与螺钉材料		
	$p\leq2.5$MPa	$p\leq8$MPa	8MPa $<p\leq30$MPa
D (mm)	Q235A 10 钢 20 钢	35 钢 35Mn 45 钢	40Cr 35CrMn 40CrMn 15MnVB
M6	3	7	12
M8	8	2	35
M10	15	35	68

续上表

螺纹直径	承受压力(p)与螺钉材料		
	$p \leqslant 2.5$MPa	$p \leqslant 8$MPa	8MPa $< p \leqslant$ 30MPa
D (mm)	Q235A 10 钢 20 钢	35 钢 35Mn 45 钢	40Cr 35CrMn 40CrMn 15MnVB
M12	27	70	118
M14	42	90	167
M16	65	150	287
M18	90	200	365
M20	130	250	540
M24	250	450	960
M30	450	700	1800

2. 定期更换密封件

漏油和吸空是液压系统常见的故障。所以密封是一个重要问题,解决密封问题有以下两种方法。

(1)间隙密封,它的密封效果与压力差,两滑动面之间的间隙、油封长度和油液的黏度有关。

(2)利用弹性材料进行密封,即利用橡胶密封件密封,它的密封效果与密封件结构、材料、工作压力及使用安装等因素有关。目前,弹性密封件的材料一般为耐油丁腈橡胶和聚氨酯橡胶。经长期使用,不仅会自然老化,且因长期在受压状态下工作,使密封件永久变形,丧失密封性,因此必须定期更换。定期更换密封件是液压装置维护工作的主要内容之一,应根据液压装置的具体使用条件制定更换周期,并将周期表纳入设备技术档案。密封的使用寿命一般为一年半左右。

3. 定期清洗或更换液压件

液压元件在工作过程中,由于零件之间互相摩擦产生的金属磨耗物、密封件磨耗物和碎片,以及液压元件在装配时带入的型砂、切屑等脏物和油液中的污染物等,都随液压油一起流动,它们之中有些被过滤掉了,但有一部分积聚在液压元件油道腔内,因此需要清洗。由于液压元件处于连续工作状态,某些零件(如弹簧等)疲劳到一定限度也需要进行定期更换。定期清洗更换是确保液压元件系统可靠工作的重要措施。例如,液压阀应每隔一年清洗一次,液压缸每隔五年清洗一次。在清洗的同时应更换密封件,装配后应对主要技术参数进行测试,需达到使用要求。

4. 定期清洗或更换液压油滤清器

液压油滤清器经过一段时期的使用,固体杂质会严重地堵塞滤芯,影响过滤能力,使液压泵产生噪声、油温升高、容积效率下降,从而使液压系统工作不正常。因此要根据滤清器的具体使用条件制订清洗或更换的周期。一般液压系统上的滤网一个月清洗一次。

5. 定期清洗油箱

液压系统工作时,一部分脏物积聚在油箱底部,若不定期清除,积聚量会越来越多,有时又被液压泵吸入系统,使系统产生故障。特别要注意在更换时必须把油箱内部清洗干净,一般每隔 12 ~ 18 个月清洗一次。

6. 定期清洗管道

液压油液中的脏物会积聚在管子的弯曲部位和油路板的流通腔内,使用年限越久,在管子内积聚的胶质就会越多,这不仅增加了油液流动的阻力,而且由于油液的流动,积聚的脏物又被冲下来随油液而去,可能堵塞某个液压元件的阻尼小孔,使液压元件产生故障,因此要定期清洗。清洗的方法有两种:

(1)对油路板、软管及一部分可拆的管道拆下来清洗。

(2)对液压系统元件要求每隔一年清洗一次。

7. 定期更换液压油

液压油箱位于驾驶室右侧,在液压油箱前端有指示液压油油位的液位计。检查液压油油位时,应把车辆停放在平坦的场地上,把铲斗平放在地面,前后车架对直、无夹角,此时液压油油位应达到液位计的 2/3 刻度处。

每 2000 工作小时或每年应更换液压油一次。由于换油时液压油可能处在较高的温度,因此要穿戴好防护用具,并小心操作,以免造成人身伤害。

更换液压油的方法如下:

(1)将铲斗中的杂物清除干净,将机子停放在平坦空旷的场地上,变速器操纵手柄置于空挡位置,拉起驻车制动阀按钮,装上车架固定保险杠。起动发动机并在怠速下运转 10min,其间反复多次进行提升动臂、下降动臂,前倾铲斗和后倾铲斗等动作。

(2)将动臂举升到最高位置,将铲斗后倾到最大位置,发动机熄火。

(3)将先导操纵阀的铲斗操纵手柄往前推,使铲斗在自重作用下往前翻,排出转斗油缸中的油液;在铲斗转到位后,将先导操纵阀的动臂操纵杆往前推,动臂在自重作用下往下降,排出动臂油缸中的油液。

(4)将先导油切断电磁阀开关拨到“OFF”位置。

(5)清理液压油箱下面的放油口(图 6-16),拧开放油螺塞,排出液压油,并用容器盛接。同时,拧开加油口盖(图 6-17),加快排油过程。

图 6-16　液压油箱放油口

图 6-17　液压油箱加油口

(6)拆开液压油散热器的进油管(图 6-18),排干净散热器内残留的液压油。

(7)从液压油箱上拆下液压油回油过滤器顶盖(图 6-19),取出液压油回油滤芯,更换新滤芯。打开加油口盖,取出加油滤网清洗。

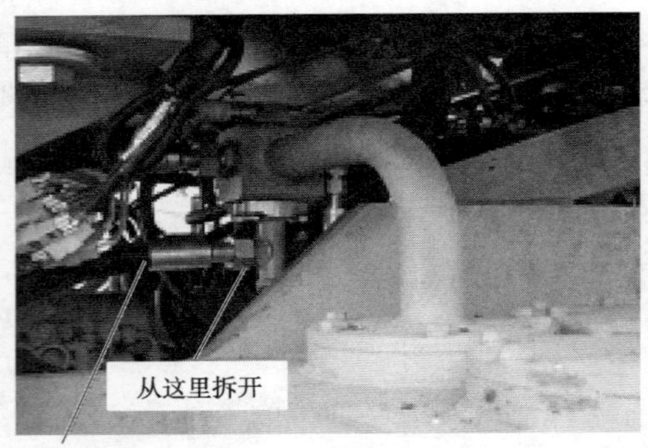

图 6-18　液压油散热器的进油管

图 6-19　液压油回油过滤器顶盖

(8)拆下加油口下方的油箱清洗口凸缘盖,如图 6-20 所示,用柴油冲洗液压油箱底部及四壁,最后用干净的布擦干。

(9)将液压油箱的放油螺塞、回油过滤器及顶盖、加油滤网、油箱清洗口凸缘盖、液压油散热器的进油管安装好。

(10)拆下液压油散热器上部的回油管,如图 6-21 所示,从液压油散热器回油口加入干净的液压油。加满后,装好液压油散热器回油管。

图 6-20　液压油箱清洗口

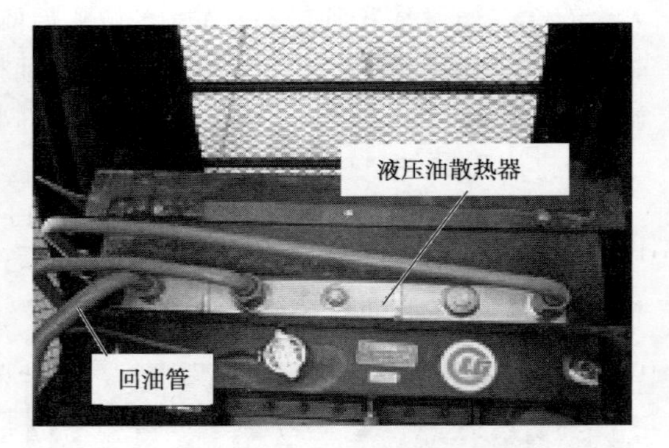

图 6-21　液压油散热器回油管

(11)从液压油箱的加油口加入干净的液压油,使油位达到液压油油位计的上刻度,拧好加油盖。

(12)拆除车架固定保险杠,起动发动机。操作先导阀操纵手柄,进行 2 ~3 次升降动臂和前倾、后倾铲斗以及左右转向到最大角度,使液压油充满油缸、油管。然后在怠速下运行发动机 5min,以便排出系统中的空气。

(13)发动机熄火,打开液压油箱加油盖,添加干净液压油至液压油箱液位计的 2/3 刻度。

注意:

更换受到严重污染的液压油,如果由于工作条件恶劣,或者液压油受到严重污染而发生变质,如颜色发黑、油液发泡,应及时更换液压油。

第三节　其他部件的维护

一、变速器的维护

变速器加油口位于后车架左侧，应按规定周期检查变速器油位。检查油位的油尺安装在加油管内，如图6-22所示。

注意：

(1)检查变速器油位时，必须分别检查冷车油位和热车油位。

(2)变速器油位偏高或偏低，都会造成变速器损坏，必须保持变速器油位在正确的位置。

1. 检查变速器冷车油位

在发动机怠速运行，变速器油温不超过40℃状态下检查变速器油位。沿逆时针方向转动油位尺便可将其松开，取出变速器油位尺，用布擦干净上面的油迹，再伸进加油管中直至尽头，然后拔出油位尺。此时，变速器油位应该处于油位尺的"COLD"冷油位区(图6-22)。若不够，应补油，直到达到油位尺的冷油位区。但若油位超过该油位区，请勿放油。

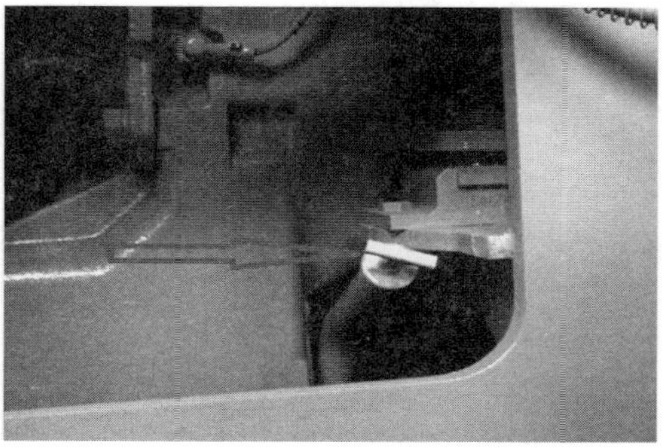

图6-22　变速器加油管

检查变速器的冷车油位只是保证检查热车油位时，油量充分，保证安全使用。油位是否合适应以热车检查为准。

2. 检查变速器热车油位(在冷车油位达到要求时进行)

在变速器油温达到工作油温(80～90℃)时，取出变速器油位尺，用布擦干净上面的油迹，再伸进加油管中直至尽头，然后拔出油位尺。此时，变速器油位应该处于油位尺的"HOT"热油位区(图6-23)。若不够，应补油，直到达到油位尺的热油位区。如果油位在油尺刻度"HOT"区域之上，则通过变速器底部的放油螺塞放出部分变速器油。检查完毕，将油位尺插入变速器加油管，然后沿顺时针方向旋转便可拧紧油位尺。

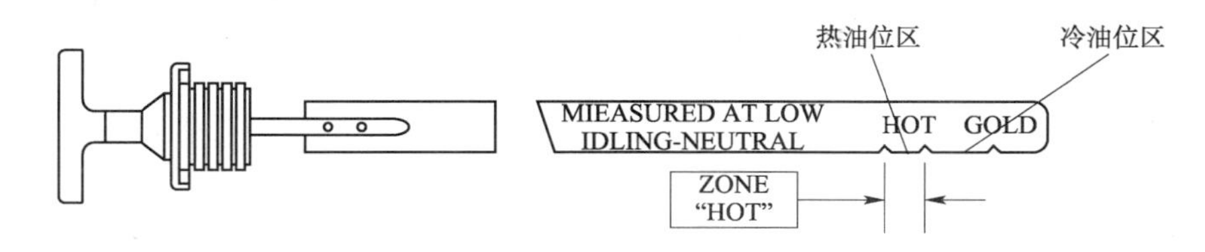

图6-23　变速器油位尺

3. 快速提高变速器油温度的操作方法

在检查变速器热车油位时，如果要快速提高变速器油温度，可按以下方法操作：

(1)将装载机停放在平坦的场地上，必须保证车辆前、后均至少有一个车身长度的空间，确认装载机周围无人。

(2)将变速器操纵手柄挂至空挡,按下驻车制动阀按钮,解除驻车制动。

(3)将行车制动踏板踩到底。

(4)将变速器操纵手柄挂前进3挡,此时变矩器处于失速工况,变速器油温度会迅速升高。

(5)当变速器油温度达到80℃以上时,再把变速器操纵手柄挂至空挡,拉起驻车制动阀按钮。此时即可检查变速箱热车油位。

4. 更换变速器油

变速器内的油液一方面作为液力变矩器—变速器液压系统的工作介质,另一方面还用于变矩器—变速器中零部件的冷却与润滑,因此变速器用油的牌号应符合要求,并按规定的换油周期更换变速器油,否则会缩短变速器的使用寿命。

更换变速器油的操作步骤如下:

(1)将装载机停放在平坦的场地上,变速操纵手柄置于空挡,拉起驻车制动阀按钮,装上车架固定保险杠,以防止装载机移动和转动。

(2)起动发动机并在怠速下运转,在变速器油温达到工作温度(80~90℃)时,发动机熄火。

(3)拆下变矩器油散热器下方的放油螺塞(图6-24)进行放油并用容器盛接,然后,拆下变矩器油散热器上方的放气螺塞(图6-25)加快放油速度。

注意:由于此时变速器油温度仍较高,因此要穿戴好防护用具,并小心操作,以免造成人身损害。

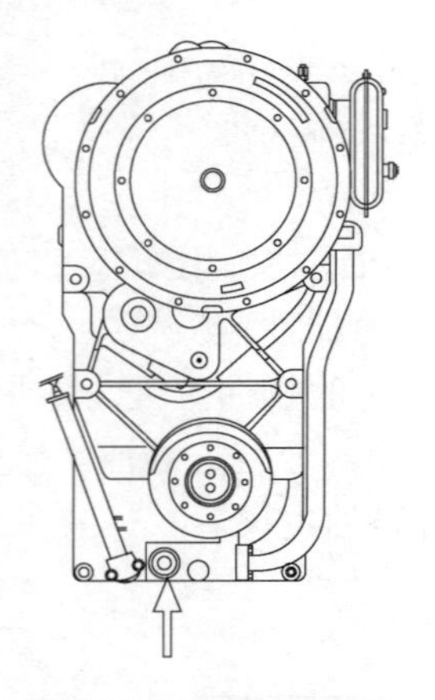

图6-24　变速器放油螺塞

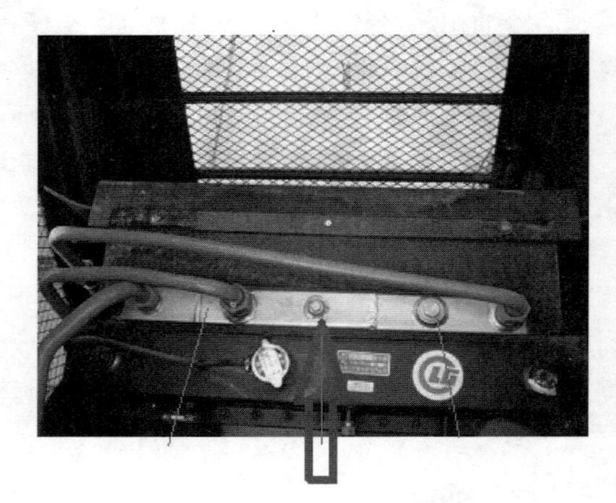

图6-25　变速器放气螺塞

(4)更换变速器油精滤器。

(5)拆下变速器后部右侧的吸油管,即可取出粗滤器。用干净的压缩空气或柴油进行清洗并晾干。

(6)用磁铁清理干净放油螺塞上附着的铁屑,并将磁铁从粗滤器安装口伸进变速器油盘内,清理内壁的铁屑。

(7)安装好变速器粗滤器、吸油管、放油螺塞和变矩器油散热器下方的放油螺塞及相应的密封件。

(8)拆下变矩器油散热器上方的加油螺塞，从变矩器汩散热器加油口加入干净的变速器油，在变速器油充满散热器后，装上放气螺塞和加油螺塞。

(9)取出变速器油位尺，从变速器加油管加入干净的变速器油，直至油位尺刻度"HOT"热油位区以上。

(10)起动发动机，并在怠速下运转，同时反复检查油位和补充变速器油，直到油位到达油位尺刻度"COLD"冷油位区以上。在此过程中，变速器有可能会发出轻微的异响，这是由于变速器油不足的原因，添加油到规定的油位后，异响会消失。

(11)在变速器油位达到工作温度时(80～90℃)，再次检查油位，油位应该在油位尺刻度"HOT"热油位区，如果油不足，应加油；如果油过量，应放掉部分油。

(12)插入油位尺，并沿顺时针方向拧紧。

注意：在更换变速器油前，应注意将驻车制动器盖好，以免驻车制动器的摩擦片沾上油，降低制动性能。

5. 更换变速器油精滤器

变速器油精滤器位于变速器的右上方，如图6-26所示。在更换变速器油时，应同时更换变速器油精滤器。

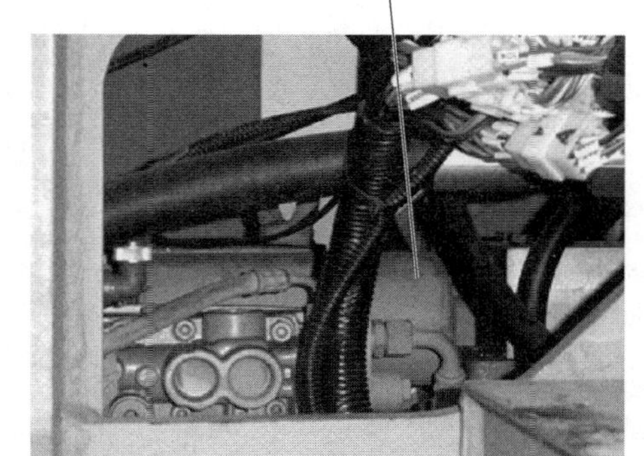

图6-26　变速器油精滤器

(1)清理干净变速器精滤器周围区域。

(2)使用皮带扳手把精滤器从安装座上拆下来。

(3)用干净的布清理安装座上的密封表面。

(4)在新的精滤器的密封垫上涂上一层变速器油。

(5)把精滤器拧到安装座上直到清滤器的密封垫接触到安装座的密封面，再用手拧紧1/3圈～1/2圈。

二、驱动桥的维护

1. 检查装载机驱动桥油位的步骤

(1)将装载机停到平坦的场地上，慢慢地移动装载机，使得前驱动桥轮边端面的放油螺塞(图6-27)在轮胎的水平轴位置。由于前后驱动桥的汩位刻度线不可能同时处在水平位置，因此前后驱动桥的油位要分两次来检查。

(2)将变速器操纵手柄置于空挡位置，拉起驻车制动阀按钮，以防止装载机移动。

(3)将驱动桥两侧轮边放油口螺塞附近的区域清理干净，拆下放油口螺塞观察，驱动桥内部的油位应处在放油口的下边沿。如果油位低于放油口的下边沿，则应添加干净的驱动桥油。加油后应观察5min左右，油位应保持稳定。

(4)装上放油口螺塞。

(5)按上述操作进行后驱动桥的油位检查。

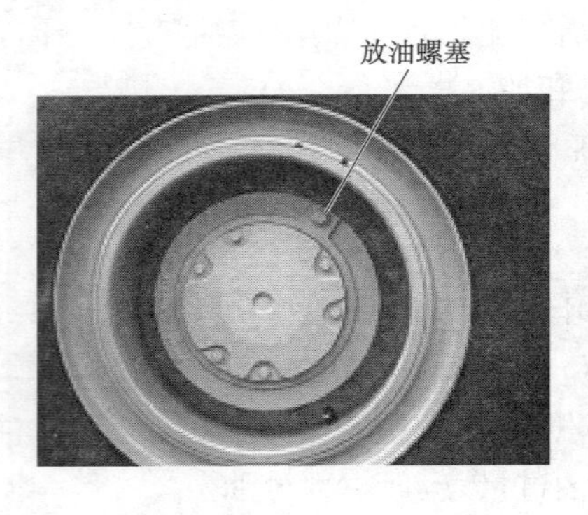

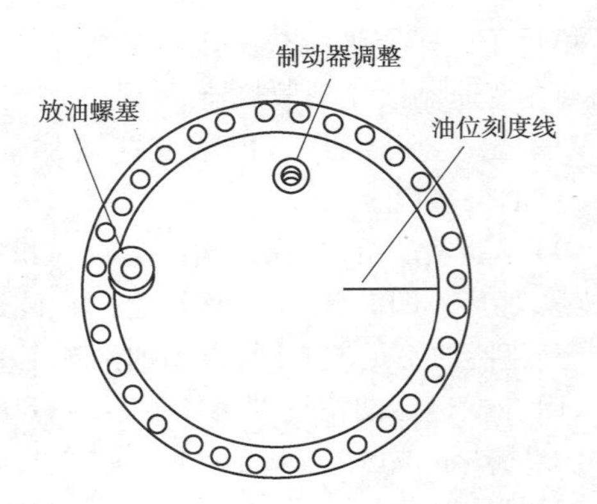

图 6-27 轮边端面的放油螺塞

2. 更换驱动桥油

(1)先开动装载机行驶一段时间,让桥壳内沉淀的杂质充分地悬浮起来。然后将装载机开到平坦的场地上,慢慢地移动装载机,使得前驱动桥轮边端面的放油螺塞处在最低位置。由于前后驱动桥轮边端面的放油螺塞不可能同时处在最低位置,因此前后驱动桥要分两次进行换油。

(2)发动机熄火,变速器操纵手柄置于空挡位置,拉起驻车制动阀按钮,以防止装载机移动。

(3)拆下前驱动桥轮边两端面的放油螺塞和桥壳中部的放油螺塞(图 6-28),进行放油,并用容器盛接好。

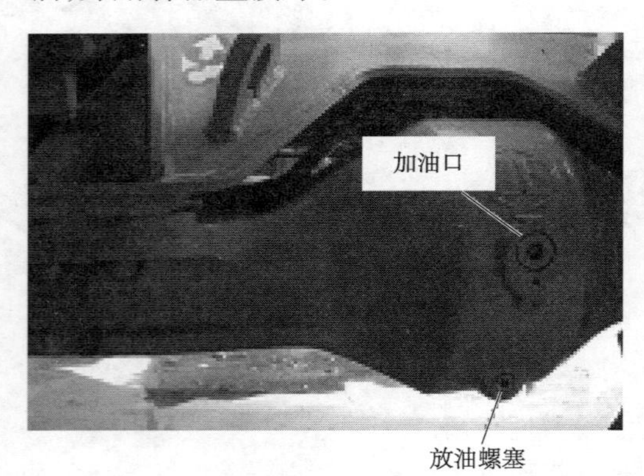

图 6-28 驱动桥壳放油螺塞

(4)装上前驱动桥中部的放油螺塞。

(5)起动发动机,按下驻车制动阀按钮释放驻车制动。变速器挂 1 挡,缓慢移动装载机,使得前桥轮边端面的放油口在轮胎的水平轴位置。然后发动机熄火,变速器挂空挡,拉起驻车制动阀按钮。

(6)从前桥轮边两端面的放油口和前驱动桥中部的加油口加入干净的驱动桥油,直至油液面到达前桥轮边两端面放油口下边缘。加油后应观察 5min 左右,油位应保持稳定。

(7)装上前驱动桥轮边两端的放油螺塞和前驱动桥中部的加油口螺塞。

(8)按上述相似的过程,更换后驱动桥油。

三、轮胎维护及充气知识

装载机轮胎建议使用干燥的氮气(N_2)来充满轮胎。如果轮胎里原来充有空气,建议用氮气来调节其气压,氮气可与空气混合。充有氮气的轮胎可减少爆炸的可能性,这是由于氮气是不可燃的。同样氮气有助于防止氧化和橡胶的老化以及轮辋零部件的腐蚀。

检查和调整轮胎充气压力时,应在轮胎充分冷却后进行。氮气充气的轮胎压力与空气充气的轮胎压力是相同的。以柳工装载机为例,根据装载机的使用工况来选择轮胎的充气压力。

	前 轮	后 轮
装卸作业时:	(0.42 ±0.01)MPa	(0.32 ±0.01)MPa
长距离空车行驶:	(0.32 ±0.01)MPa	(0.32 ±0.01)MPa

注意:如果装载机进行长距离高速行驶,则每行驶45km,应停车30min,以便轮胎充分散热。

四、铲斗限位装置调整

装载机配置有铲斗定位系统,具有铲斗任意位置自动放平功能和动臂举升限位功能,在工作中合理地运用铲斗自动放平功能和动臂举升限位功能,能够有效地提高作业效率。

1. 调整铲斗自动放平装置。

(1)将装载机停放在平坦的场地上,变速器操纵手柄置于空挡位置。操作先导阀操纵手柄将铲斗平放在地面上,拉起驻车制动阀按钮,将发动机熄火。装上车架固定保险杠。

(2)松开如图6-29中所示中螺栓4,将接近开关总成3往前移动,使得接近开关2越过磁铁1一段距离。

(3)将起动开关沿顺时针方向转到第一挡,接通整车电源。将先导阀的转斗操纵手柄向后扳至极后位置,被电磁力吸住。

(4)将接近开关总成往后移动,使得接近开关2对准磁铁1,此时先导阀的电磁力消失,转斗操纵杆自动返回中位;拧紧螺栓4即可,接近开关2与磁铁1的距离应保持在4~6mm。

(5)完成后,拆除车架固定保险杠,起动发动机,检查所做调整是否合适。

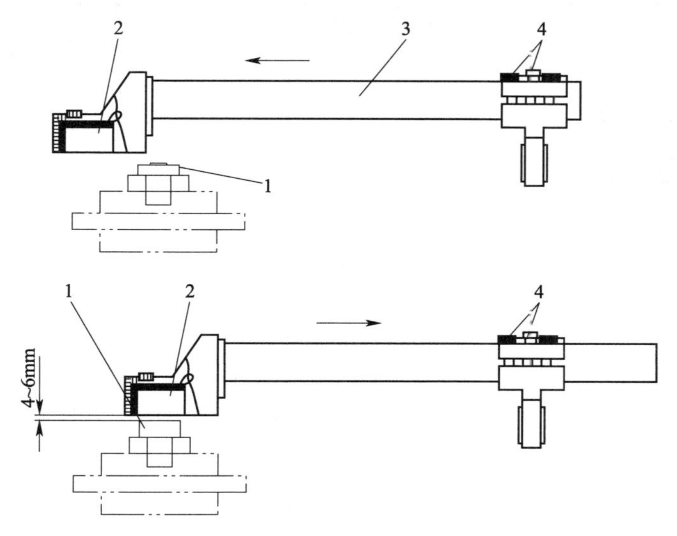

图6-29 铲斗限位装置

1-磁铁;2-接近开关;3-接近开关总成;4-螺栓

2. 调整动臂举升限位装置

(1)将装载机停放在平坦的场地上,变速操纵手柄置于空挡位置,拉起驻车制动阀按钮。操作先导阀操纵杆将动臂举升到要求的卸料高度,将发动机熄火,装上车架固定保险杠。

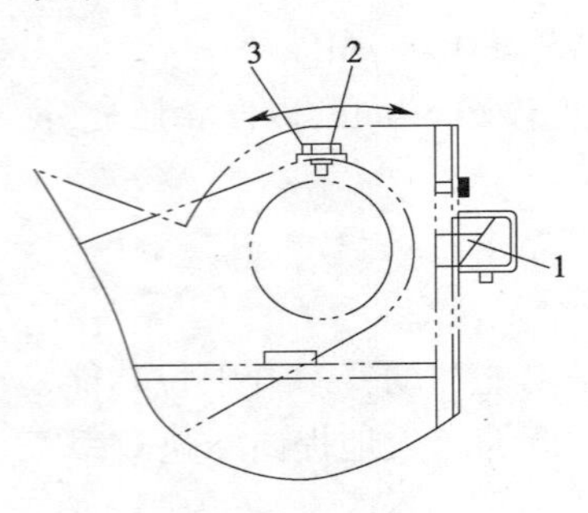

图 6-30　动臂举升限位装置
1-磁铁;2-接近开关;3-螺栓

(2)起动开关沿顺时针方向转到第一挡,接通整车电源。将先导阀的转斗操纵杆向后扳至极后位置,被电磁力吸住。

(3)松开如图 6-30 中所示的螺栓 3,快速转动接近开关总成,使得接近开关 2 对准磁铁 1,此时先导阀的电磁力消失,先导阀的转斗操纵杆自动返回中位,拧紧螺栓 3 即可。

(4)接近开关 2 与磁铁 1 的距离应保持在 4 ~ 6mm。在转动接近开关总成时,顺时针方向转动可降低限位高度,逆时针方向转动可增加限位高度。

(5)完成后,拆除车架固定保险杠,起动发动机,检查所做调整是否合适。

五、检查驻车制动性能

装载机在工作中应经常检查其驻车制动性能,以保证停车安全和紧急制动时的制动能力。

在进行行车制动性能检验前,应保证装载机驻车制动系统工作正常,以便在紧急情况时使用驻车制动器进行紧急制动。驻车制动性能检查方法如下:

(1)装载机在平直、干燥的水泥路面上以 32km/h 的速度行驶,踩下行车制动踏板直到装载机完全制动,在装载机停下来后,先将变速操纵手柄推到空挡位置,拉起驻车制动阀,然后再松开行车制动踏板。检查车辆的制动距离,制动距离应不大于 15m。

(2)以 32km/h 的速度行驶,采用点式制动,车辆应迅速出现制动现象,且不跑偏。

六、蓄电池的维护

蓄电池在使用过程中会因为种种原因造成亏电而影响装载机的使用,所以要对蓄电池及时维护。

1. 蓄电池常见亏电原因

(1)车辆未起动条件下,车上用电器开启时间过长等非正常使用。

(2)车辆长时间停驶、车辆漏电电流大或加装额外用电器,导致蓄电池电能耗尽。

(3)车辆频繁起动。

(4)车辆充电系统故障,如发电机及其电子元器件失灵、发电机电压调节器的充电电压设置太低、发动机传动皮带松弛等,致使蓄电池不能正常充电而造成蓄电池亏电,蓄电池电解液指示器发黑,甚至不能起动汽车。

(5)未装车的电池存放超过 6 个月。

2. 检查蓄电池外观。

由于以上原因引起亏电的蓄电池可以通过及时、正确地充电恢复正常。在充电前要对蓄电池外观进行检查，主要检查内容如下：

（1）蓄电池外壳破裂或漏酸的蓄电池不能补充电，查明原因后更换该蓄电池。

（2）端柱破裂的电池不能补充电，查明原因后更换该蓄电池。

（3）电解液指示器发白的蓄电池不要补充电，更换该蓄电池。

（4）补充电前，清洁端柱，除去表面的氧化皮。

3. 充电时的注意事项

（1）戴安全眼镜。

（2）充电时保持环境通风，常温下充电。

（3）充电时严禁吸烟，并避免火种的引入。

（4）充电接线时，先连接正极连线；充电后拆线时，先断开负极连线。

（5）充电结束，停机前一定要确定蓄电池已充足电。

4. 充电步骤

（1）对待充电的蓄电池进行技术状况检查，清洁外部，加注补充液。

（2）根据蓄电池的电压及容量选择充电机合适的挡位。

（3）用专用导线和线夹将蓄电池和充电机连接好，接通电源，打开充电机，并注意观察蓄电池内部情况。若发现沸腾过早、升温过快要及时切断电源查找故障。

（4）蓄电池充足电后，要先停机后再切断交流电源，最后将蓄电池摘除。

附录　装载机维修案例

一、水泵漏水

<table>
<tr><td colspan="8">水泵漏水（ZLC50CZ205728）</td></tr>
<tr><td rowspan="2">机型</td><td rowspan="2">整机编号</td><td rowspan="2">工作小时</td><td rowspan="2">工作环境</td><td colspan="2">客户性质</td><td colspan="2">案例</td></tr>
<tr><td>个体 □</td><td>单位 √</td><td>保修维修 √</td><td>有偿维修</td></tr>
<tr><td>ZLC50C</td><td>205728</td><td>283</td><td>隧道</td><td></td><td></td><td></td><td></td></tr>
<tr><td colspan="2">整机配置</td><td colspan="2">故障系统</td><td colspan="2">故障码</td><td>维修时间</td><td>作业地点</td></tr>
<tr><td colspan="2">潍柴、柳工桥箱</td><td colspan="2">冷却系统</td><td colspan="2"></td><td>2010－09－17
12:00—17:00</td><td>福州市</td></tr>
<tr><td rowspan="2">客户描述</td><td>故障现象描述</td><td colspan="6">发动机冷却系统需要不停地补充冷却液，可能是水箱或发动机有漏水故障</td></tr>
<tr><td>近期维护及维修情况</td><td colspan="6">到位维护刚做完250h</td></tr>
<tr><td rowspan="3">维修人员现场检查</td><td>故障描述</td><td colspan="6">整机运行正常，安装发动机的下方有明显的滴漏水现象，将发动机怠速运转，发现水泵在机械起动后以每秒两滴的速度往外滴水</td></tr>
<tr><td>驾驶室仪表板读数</td><td colspan="6">工作小时283h，发动机冷却液温度78℃、变矩器油温85℃，发电机发电量27V，制动气压0.8MPa，挡位压力1.3MPa</td></tr>
<tr><td>故障排查（包含数据测量）</td><td colspan="6">打开发动机舱盖停机观察，怠速运行机械观察水泵运行情况，发现水泵的透气孔以每秒两滴的速度往外滴漏水，高速运转发动机漏水情况更严重</td></tr>
<tr><td colspan="8">故障原因与判断：因为是工作时间不长的车辆，可能是水泵水封部件品质不良造成水封早期老化，无法起到密封作用，导致水泵漏水</td></tr>
<tr><td colspan="8">现场维修（维修完成的数据测量结果数据）：松开发电机张紧轮螺栓、偏心轮，卸下皮带。松开风扇固定螺栓，拆下水泵后换上新水泵，加装水泵密封件，并将螺栓拧紧到标准力矩。再安装张紧皮带进行试机，恢复正常</td></tr>
<tr><td>案例心得</td><td colspan="7">拆装由外往里、由上到下、一步一步做。做好标记就能顺利拆卸组装</td></tr>
<tr><td>编写人</td><td colspan="3"></td><td colspan="2">日期</td><td colspan="2">2010－09－20</td></tr>
</table>

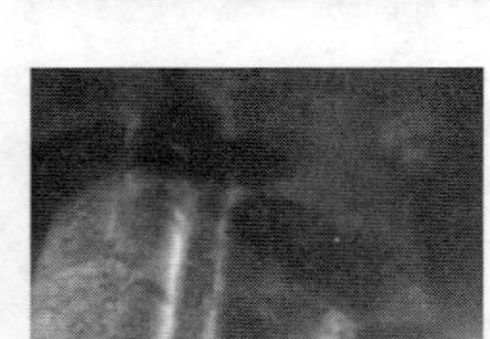

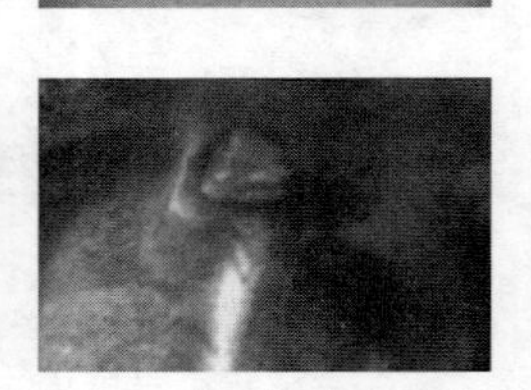

二、发动机异响

发动机异响(气门间隙大)							
机型	整机编号	工作小时	工作环境	客户性质		案例	
CLG855	137189	1628	建筑	个体 □	单位 √	保修维修 √	有偿维修
整机配置		故障系统		故障码		维修时间	作业地点
潍柴、柳工桥箱		动力系统				1.5h	大连市
客户描述	故障现象描述	发动机出现嗒嗒声响					
	近期维护及维修情况	发动机换过润滑油及机油滤清器、燃油滤清器、空气滤清器					
维修人员现场检查	故障描述	发动机运转时出现嗒嗒的气门敲击声响					
	驾驶室仪表板读数	仪表一切都显示正常					
	故障排查(包含数据测量)	1. 检查机油油位,整机停放在平整地面,拔出机油尺,用干净的布将机油尺擦干净,重新插入发动机油位口到尽头,再拔出来检查,油位在机油尺的最低刻度与最高刻度之间,为正常; 2. 机油压力在0.35MPa(标准为:0.1~0.7MPa),属正常范围; 3. 拆开气门罩盖检查各个缸气门间隙,发现三缸气门间隙过大,检查气门推杆时发现推杆两头磨损出凸沿					
故障原因与判断	根据检查的推杆磨损状况分析,是推杆磨损以后导致气门间隙变大所产生的响声。判断是没有定期及时检查调整气门间隙,造成气门推杆出现敲击异常磨损						
现场维修(维修完成的数据测量结果数据)	更换磨损的推杆,重新调整气门间隙后试机,工作正常						
案例心得	对机械设备要按照生产厂家的维护规定,定期进行检查,防止产生大的故障						
编写人				日期		2010-09-24	

三、发动机异响(五缸气门顶杆活塞损坏)

<table>
<tr><td colspan="8">发动机异响(五缸气门顶杆活塞损坏)</td></tr>
<tr><td>机型</td><td>整机编号</td><td>工作小时</td><td>工作环境</td><td colspan="2">客户性质</td><td colspan="2">案例</td></tr>
<tr><td>ZL50C</td><td>AL210868</td><td>78</td><td></td><td>个体
□</td><td>单位
√</td><td>保修维修
√</td><td>有偿维修</td></tr>
<tr><td colspan="2">整机配置</td><td colspan="2">故障系统</td><td colspan="2">故障码</td><td>维修时间</td><td>作业地点</td></tr>
<tr><td colspan="2">潍柴、柳工桥箱、暖风、3 方斗</td><td colspan="2">动力系统</td><td colspan="2"></td><td>2010 - 09 - 15</td><td>江西省</td></tr>
<tr><td rowspan="2">客户描述</td><td>故障现象描述</td><td colspan="6">用户反映工作时突发异响,随后发动机自动熄火停机</td></tr>
<tr><td>近期维护及维修情况</td><td colspan="6">新机还未做任何维护及维修</td></tr>
<tr><td rowspan="3">维修人员现场检查</td><td>故障描述</td><td colspan="6">整机无法起动,经维修人员现场检查,发现第五缸的气门室盖穿孔损坏</td></tr>
<tr><td>驾驶室仪表板读数</td><td colspan="6">工作小时:78</td></tr>
<tr><td>故障排查(包含数据测量)</td><td colspan="6">维修人员现场进一步检查发现,第五缸的气门室盖被摇臂顶坏;拆下后检查发现,第五缸活塞已经损坏穿孔,气门顶杆顶弯。详见以下照片所示</td></tr>
<tr><td colspan="8">故障原因与判断:故障原因分析为产品质量问题</td></tr>
<tr><td colspan="8">现场维修(维修完成的数据测量结果数据):已更换一台发动机总成</td></tr>
<tr><td>案例心得</td><td colspan="7"></td></tr>
<tr><td>编写人</td><td colspan="3"></td><td colspan="2">日期</td><td colspan="2">2010 - 09 - 20</td></tr>
<tr><td colspan="8"></td></tr>
</table>

四、发动机异响(润滑油压力低)

<table>
<tr><td colspan="8">发动机异响(润滑油压力低)</td></tr>
<tr><td>机型</td><td>整机编号</td><td>工作小时</td><td>工作环境</td><td colspan="2">客户性质</td><td colspan="2">案例</td></tr>
<tr><td>CLG855</td><td>A167253</td><td>933</td><td>沙土</td><td>个体
√</td><td>单位
□</td><td>保修维修
√</td><td>有偿维修</td></tr>
<tr><td colspan="2">整机配置</td><td colspan="2">故障系统</td><td colspan="2">故障码</td><td>维修时间</td><td>作业地点</td></tr>
<tr><td colspan="2">潍柴、柳工桥箱</td><td colspan="2">动力系统</td><td colspan="2"></td><td>2010－09－15</td><td>赣州</td></tr>
<tr><td rowspan="2">客户描述</td><td>故障现象描述</td><td colspan="6">该机用户反映发动机报警、异响</td></tr>
<tr><td>近期维护及维修情况</td><td colspan="6">用户按规定正常维护</td></tr>
<tr><td rowspan="3">维修人员现场检查</td><td>故障描述</td><td colspan="6">发动机怠速时机油压力低报警;发动机增压器烧坏</td></tr>
<tr><td>驾驶室仪表板读数</td><td colspan="6">冷却液温度表:100℃,计时表:933h</td></tr>
<tr><td>故障排查(包含数据测量)</td><td colspan="6">经现场检查,该发动机未发现漏水、漏油现象;起动发动机,怠速时机油压力低报警;将转速加至中速,发动机机油压力低报警;并伴有较大的异响,声音为顶缸现象。对发动机做进一步拆检发现:发动机机油泵出现较大间隙,导致发动机长时间低油压工作,致使连杆瓦磨损过大,造成连杆瓦主轴上下窜动,发出异响顶缸声音;由于机油压力低,增压器已经烧坏,无法转动</td></tr>
<tr><td colspan="8">故障原因与判断:由于机油泵间隙大,导致连杆瓦磨损,出现窜动并发出异响,使增压器烧坏无法转动</td></tr>
<tr><td colspan="8">现场维修(维修完成的数据测量结果数据):考虑是因配件质量问题引起故障,为用户更换曲轴、机油泵、连杆瓦、主轴瓦、增压器及其他相关件后,整机恢复正常使用</td></tr>
<tr><td>案例心得</td><td colspan="7">整机工作不到1000h,就出现发动机曲轴拉伤现象,用户使用我们的产品很不放心,并且可能会影响我们的产品销量,质量部应督促配件供应商提高配件质量</td></tr>
<tr><td>编写人</td><td colspan="3"></td><td colspan="2">日期</td><td colspan="2">2010－09－21</td></tr>
</table>

曲轴上有明显的拉伤痕迹

五、发动机冷却液温度高（汽缸垫冲坏）

<table>
<tr><td colspan="8">发动机冷却液温度高（汽缸垫冲坏）</td></tr>
<tr><td>机型</td><td>整机编号</td><td>工作小时</td><td>工作环境</td><td colspan="2">客户性质</td><td colspan="2">案例</td></tr>
<tr><td>CLG855</td><td>Z123822</td><td>532</td><td>铲煤</td><td>个体
√</td><td>单位
□</td><td>保修维修
√</td><td>有偿维修</td></tr>
<tr><td colspan="2">整机配置</td><td colspan="2">故障系统</td><td colspan="2">故障码</td><td>维修时间</td><td>作业地点</td></tr>
<tr><td colspan="2">潍柴、柳工桥箱</td><td colspan="2">动力系统</td><td colspan="2"></td><td></td><td></td></tr>
<tr><td rowspan="2">客户描述</td><td>故障现象描述</td><td colspan="6">用户反映冷却液温度过高，水箱内有气泡和防冻液返出</td></tr>
<tr><td>近期维护及维修情况</td><td colspan="6">正常三包期维护</td></tr>
<tr><td rowspan="3">维修人员现场检查</td><td>故障描述</td><td colspan="6">短时间内冷却液温度迅速升高，水箱内有气泡产生。第三、四缸的缸盖有水漏出</td></tr>
<tr><td>驾驶室仪表板读数</td><td colspan="6">变速器压力正常，电压表正常，气压表正常，变矩器油温正常，冷却液温度指示近100℃</td></tr>
<tr><td>故障排查（包含数据测量）</td><td colspan="6">发动机冷却液温度在短时间内迅速升高，并伴有气泡产生，只有发动机内的燃烧气体进入水箱，才能使冷却液温度迅速升高，并伴有气泡。由第三、四缸缸盖处有水漏出，可以断定该发动机的汽缸垫冲坏</td></tr>
<tr><td colspan="8">故障原因与判断：由于汽缸垫冲坏，并伴有水封损坏，造成在发动机汽缸中的尾气，顺着发动机水道进入水箱中，使水箱中的冷却液温度在短时间内迅速升高。由上述故障现象可以断定，应是第三、四缸缸盖处汽缸垫冲坏造成</td></tr>
<tr><td colspan="8">现场维修（维修完成的数据测量结果数据）：更换汽缸垫及水封，重新调整气门间隙，试车2h，整机冷却液温度在70～80℃</td></tr>
<tr><td>案例心得</td><td colspan="7">整机不怕出现问题，关键在于沟通</td></tr>
<tr><td>编写人</td><td colspan="3"></td><td colspan="2">日期</td><td colspan="2">2009－09－25</td></tr>
<tr><td colspan="8"></td></tr>
</table>

六、整机无法起动(飞轮齿圈松脱)

<table>
<tr><td colspan="8">整机无法起动(飞轮齿圈松脱)</td></tr>
<tr><td>机型</td><td>整机编号</td><td>工作小时</td><td>工作环境</td><td colspan="2">客户性质</td><td colspan="2">案例</td></tr>
<tr><td>CLG855</td><td>Z143794</td><td>201.2</td><td>矿石</td><td>个体
□</td><td>单位
√</td><td>保修维修
√</td><td>有偿维修</td></tr>
<tr><td colspan="2">整机配置</td><td colspan="2">故障系统</td><td colspan="2">故障码</td><td>维修时间</td><td>作业地点</td></tr>
<tr><td colspan="2">潍柴、柳工桥箱</td><td colspan="2">动力系统</td><td colspan="2"></td><td></td><td></td></tr>
<tr><td rowspan="2">客户描述</td><td>故障现象描述</td><td colspan="6">该用户反映整车无法起动</td></tr>
<tr><td>近期维护及维修情况</td><td colspan="6">正常维护</td></tr>
<tr><td rowspan="3">维修人员现场检查</td><td>故障描述</td><td colspan="6">整车无法起动,起动时有呼呼的声音,但无法起动整机</td></tr>
<tr><td>驾驶室仪表板读数</td><td colspan="6">冷却液温度100℃,发动机油温80℃,变速器油温50℃</td></tr>
<tr><td>故障排查(包含数据测量)</td><td colspan="6">1. 现场盘车,用撬棍撬动发动机曲轴,检查是否能转动。盘车运转顺畅,无卡滞,正常;
2. 起动整机时,用手摸起动机有振感,但发动机风扇不转,说明起动电路畅顺。起动时,起动机带动飞轮齿圈有呼呼的异响声;
3. 拆下起动机,发现飞轮齿圈紧固螺栓全部脱出。详见照片1、2、3</td></tr>
<tr><td colspan="8">故障原因与判断:由于飞轮齿圈固定螺栓松脱,使得在起动整机时,飞轮齿圈在起动机的带动下空转,而不能带动发动机曲轴转动,从而不能起动发动机</td></tr>
<tr><td colspan="8">现场维修(维修完成的数据测量结果数据):更换飞轮齿圈固定螺栓,重新安装后,整机恢复正常</td></tr>
<tr><td>案例心得</td><td colspan="7">先思后想,由表及里,从外围到内件,及时排查</td></tr>
<tr><td>编写人</td><td colspan="3"></td><td colspan="2">日期</td><td colspan="2">2009-04-01</td></tr>
</table>

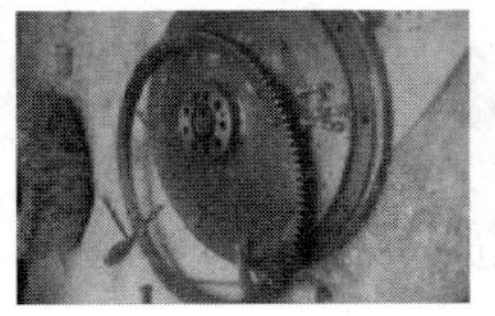

照片1

照片2

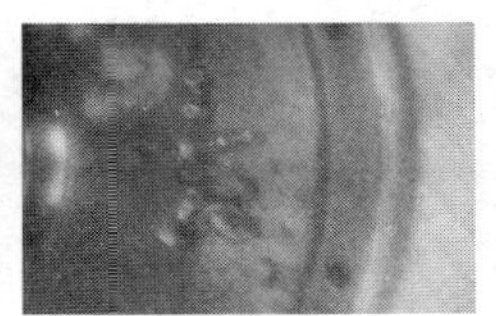

照片3

七、发动机异响

<table>
<tr><td colspan="8">发动机异响</td></tr>
<tr><td>机型</td><td>整机编号</td><td>工作小时</td><td>工作环境</td><td colspan="2">客户性质</td><td colspan="2">案例</td></tr>
<tr><td>CLG856</td><td>Z128128</td><td>1426</td><td>砂石</td><td>个体
□</td><td>单位
√</td><td>保修维修
√</td><td>有偿维修</td></tr>
<tr><td colspan="2">整机配置</td><td colspan="2">故障系统</td><td colspan="2">故障码</td><td>维修时间</td><td>作业地点</td></tr>
<tr><td colspan="2">潍柴、柳工桥箱</td><td colspan="2">动力系统</td><td colspan="2"></td><td></td><td></td></tr>
<tr><td rowspan="2">客户描述</td><td>故障现象描述</td><td colspan="6">发动机大负载有异响</td></tr>
<tr><td>近期维护及维修情况</td><td colspan="6">及时维护铲车,且工作量不大</td></tr>
<tr><td rowspan="3">维修人员现场检查</td><td>故障描述</td><td colspan="6">发动机大负载有异响,起动有点儿难</td></tr>
<tr><td>驾驶室仪表板读数</td><td colspan="6">1426h(工作小时表)</td></tr>
<tr><td>故障排查(包含数据测量)</td><td colspan="6">1.拆开发动机罩,检查发动机进排气门及顶杆,无异常;
2.经现场放油、拆油底壳检查,发现油底壳内有很多瓦片碎片,初步断定为瓦片损坏导致异响。将这台发动机做进一步拆解,拆下缸盖,全部缸套未发现有拉缸现象,进一步拆下曲轴,发现曲轴四缸连杆轴颈严重磨损,其他连杆轴颈和主轴颈没有抱瓦现象,第四缸连杆瓦严重磨损变形,其他各缸连杆轴瓦和主轴瓦只有轻微磨损</td></tr>
<tr><td colspan="8">故障原因与判断:该机故障原因判定为四缸连杆轴瓦润滑不良引起严重磨损,并导致异响和起动困难</td></tr>
<tr><td colspan="8">现场维修(维修完成的数据测量结果数据):更换曲轴、连杆、轴瓦等损坏件修复</td></tr>
<tr><td>案例心得</td><td colspan="7">当异响发生后立刻停机检查,故障不会扩大</td></tr>
<tr><td>编写人</td><td colspan="3"></td><td colspan="2">日期</td><td colspan="2">2009-09-29</td></tr>
</table>

从现场拆下的轴瓦可以看出第四缸轴瓦出现异常

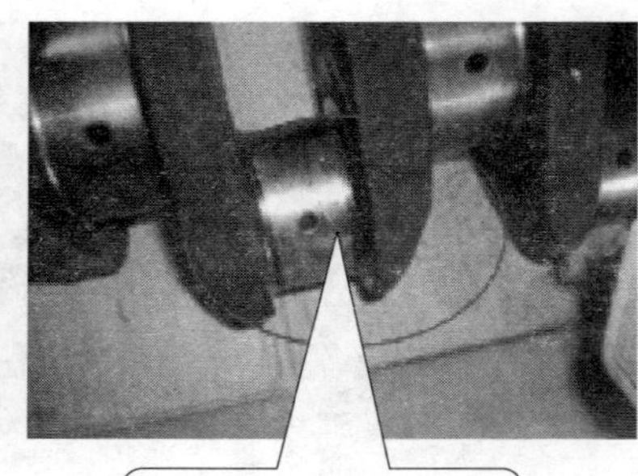

曲轴第四缸部位的损坏情况

八、整机异响（前桥大小螺旋锥齿轮损坏）

<table>
<tr><td colspan="8">整机异响（前桥大小螺旋损坏）</td></tr>
<tr><td>机型</td><td>整机编号</td><td>工作小时</td><td>工作环境</td><td colspan="2">客户性质</td><td colspan="2">案例</td></tr>
<tr><td>CLG856</td><td>173172</td><td>1890</td><td>砂石</td><td>个体
□</td><td>单位
√</td><td>保修维修
√</td><td>有偿维修</td></tr>
<tr><td colspan="2">整机配置</td><td colspan="2">故障系统</td><td colspan="2">故障码</td><td>维修时间</td><td>作业地点</td></tr>
<tr><td colspan="2">潍柴、柳工桥箱</td><td colspan="2">传动系统</td><td colspan="2"></td><td>4h</td><td></td></tr>
<tr><td rowspan="2">客户描述</td><td>故障现象描述</td><td colspan="6">车在加速行驶时有异响</td></tr>
<tr><td>近期维护及维修情况</td><td colspan="6">更换润滑油、传动油、齿轮油和相对应的滤芯</td></tr>
<tr><td rowspan="3">维修人员现场检查</td><td>故障描述</td><td colspan="6">维修人员现场试机检查后，发现车在加速行驶时有间断性异响且异响发生在前桥部位</td></tr>
<tr><td>驾驶室仪表板读数</td><td colspan="6">发动机冷却液温度和变矩器油温正常。机油压力和变速压力都正常</td></tr>
<tr><td>故障排查（包含数据测量）</td><td colspan="6">1. 停车检查齿轮油油位正常，轮边油位也正常；
2. 用铲斗将前桥支起人力转前轮时，运转正常无异响，说明轮边无故障；
3. 放前包油检查，发现油内有铁渣和少许小铁块，说明前包损坏（照片 1）；
4. 拆下前包发现大小螺旋锥齿轮打齿（照片 2、3）；
5. 用半轴转差速器总成时，转动灵活无发卡现象，说明差速器无故障</td></tr>
<tr><td colspan="8">故障原因与判断：停机检查，将前桥包油位螺栓拧开有油流出，油位正常。将轮边油位螺栓转到合适位置，将螺栓拧开有油流出，油位正常。放出前桥包油，检查发现油内有铁渣和少许小铁块。拆下前桥包发现大小螺旋锥齿轮打齿。造成打齿的原因可能是车工作时用力不均、油不干净或是配件质量不好</td></tr>
<tr><td colspan="8">现场维修（维修完成的数据测量结果数据）：
1. 将前包拆下，更换大小螺旋锥齿轮和轴承；
2. 调整轴承预紧度；
3. 调整大小螺旋锥齿轮的啮合间歇和啮合印痕；
4. 将前包总成装到桥壳上；
5. 试车异响消失故障排除</td></tr>
<tr><td>案例心得</td><td colspan="7">排除故障时应遵循由外到内，由简到繁的原则，不要盲目拆卸</td></tr>
<tr><td>编写人</td><td colspan="3"></td><td colspan="2">日期</td><td colspan="2">2010－09－25</td></tr>
</table>

照片 1

照片 2

照片 3

九、整机在沙滩上行走困难或不行走

<table>
<tr><td colspan="8">整机在沙滩上行走困难或不行走</td></tr>
<tr><td>机型</td><td>整机编号</td><td>工作小时</td><td>工作环境</td><td colspan="2">客户性质</td><td colspan="2">案例</td></tr>
<tr><td>CLG855</td><td>Z189280</td><td>72</td><td>沙滩</td><td>个体
√</td><td>单位
□</td><td>保修维修
√</td><td>有偿维修</td></tr>
<tr><td colspan="2">整机配置</td><td colspan="2">故障系统</td><td colspan="2">故障代码</td><td>维修时间</td><td>作业地点</td></tr>
<tr><td colspan="2">潍柴、柳工桥箱、加长臂、标准斗</td><td colspan="2">传动系统</td><td colspan="2"></td><td>2010－04－21
9:00—
2010－04－23
17:00</td><td></td></tr>
<tr><td rowspan="2">客户描述</td><td>故障现象描述</td><td colspan="6">该机在沙滩上工作时不能正常行驶、驱动力小，不能爬坡</td></tr>
<tr><td>近期维护及维修情况</td><td colspan="6">柴油机、变速器均已做过首次维护</td></tr>
<tr><td rowspan="3">维修人员现场检查</td><td>故障描述</td><td colspan="6">该用户为柳工老用户，在2005年4月4日购买过一台柳工ZL30E加长臂装载机，至今正常使用。于2010年3月29日购买一台柳工CLG855(加长臂、标注斗)装载机，在硬路面工地作业时(铲装松散泥土沙石\原生土)重载、轻载状态下能够正常工作。此机械在海滩沙地上不能正常工作。具体表现为：
1. 柴油机中速运转时，在沙滩平路路面、沙滩坡路路面上能够行驶(注：行驶速度较慢)；
2. 柴油机高转速运转时，在沙滩平路路面、沙滩坡路路面上不能正常行驶</td></tr>
<tr><td>驾驶室仪表板读数</td><td colspan="6">柴油机冷却液温度80℃时，变速器压力为1.5MPa</td></tr>
<tr><td>故障排查(包含数据测量)</td><td colspan="6">1. 检查柴油机
检测柴油机燃油系统正常；检测柴油机转速，机械在轻载、重载状态下转速均能达到，正常；重载超负荷工作时柴油机排气尾管有少量黑烟排出，正常
2. 检查变速器
检查变速器工作压力(直感表检测)：1.5MPa(标准值在1.1～1.5MPa)，正常；整机停在平坦的地面上，检查变速器油位，拧松上下油位开关，上油位开关无油流出，下油位开关有油流出，正常；检测变速器没有高温迹象，正常
3. 检查驱动桥
在沙滩地上工作时四个车轮正常驱动，原地打转，无异响，正常</td></tr>
</table>

续上表

<table>
<tr><td colspan="4">故障原因与判断：经上述针对该机各系统的综合检查得出结论：该机之所以不能够在沙滩地上行走，是因为该机是在松软的沙滩表面工作，加上柳工 CLG855 本身就是短轴距、转向灵活、行驶速度快，适合于在场地装卸松散物料。但是行驶速度加快（驱动轮转速高）机械的牵引力相对就小。例如，徐工 520F（是 2006 年的老车）行驶速度慢（驱动轮转速低），相对的牵引力就会强一点儿，机械就能够行驶。而用户不明白这点，认为都是同等的 5t 装载机，其他厂家的机型能够行驶，柳工的为什么不可以？总是怀疑该机械柴油机功率不足或者变速器存在故障，为了给用户证明柳工 CLG855 装载机特点，调来一台购买了两年的 CLG855 装载机，在用户现场试车。经过与调来的 CLG855 装载机试车的比较，用户认同了该机型的性能。但是用户购买装载机主要的工况就是在海边沙滩上工作，此机械工作时，效率低，不赚钱，有退车的想法，想要换一台装载机。本着为用户负责的态度，先调一台新 50C 装载机在现场试车，再确定是否给予换新车。于 2010 年 4 月 23 日 15:30 将新车开到用户工地试车，新车高转速行驶到松软路面时也会出现轮胎打滑现象，跟 CLG855 差不多</td></tr>
<tr><td colspan="4">现场维修（维修完成的数据测量结果数据）：经过与用户多方面的沟通讲解，用户最后明白该现象是因为整机在松软的沙滩表面打滑，造成不能行走，而非整机有什么故障，同时也明白了柳工 CLG855 机型的操作性能，以后由用户自己搭配使用</td></tr>
<tr><td>案例心得</td><td colspan="3">通过本次故障的反馈及处理，总结如下：任何故障不能完全听任客户的说法，更不能因此就退换车，需通过严谨、可靠的实际测试，以强有力的证据引导客户合理、正确地使用操作设备</td></tr>
<tr><td>编写人</td><td></td><td>日期</td><td>2010－04－24</td></tr>
<tr><td colspan="4">

照片 1

照片 2

照片 3

</td></tr>
</table>

十、动臂自动下沉

<table>
<tr><td colspan="8">动臂自动下沉</td></tr>
<tr><td>机型</td><td>整机编号</td><td>工作小时</td><td>工作环境</td><td colspan="2">客户性质</td><td colspan="2">案例</td></tr>
<tr><td>CLG855</td><td>152183</td><td>747.7</td><td>煤矿</td><td>个体
√</td><td>单位
□</td><td>保修维修
√</td><td>有偿维修</td></tr>
<tr><td colspan="2">整机配置</td><td colspan="2">故障系统</td><td colspan="2">故障代码</td><td>维修时间</td><td>作业地点</td></tr>
<tr><td colspan="2">潍柴、柳工桥箱</td><td colspan="2">工作液压系统</td><td colspan="2"></td><td></td><td></td></tr>
<tr><td rowspan="2">客户描述</td><td>故障现象描述</td><td colspan="6">动臂下落太快,升降动臂时,左动臂油缸有异响且温度很高</td></tr>
<tr><td>近期维护及维修情况</td><td colspan="6">2009 年 9 月 8 日对装载机做更换机油、机油滤清器、燃油滤清器、空气滤清器、变速器油,工作时间:747.7h</td></tr>
<tr><td rowspan="3">维修人员现场检查</td><td>故障描述</td><td colspan="6">当动臂提升到最高位时,动臂操纵杆在中位,此时动臂自动下沉,升降动臂时左动臂有异响且油缸表面温度很高</td></tr>
<tr><td>驾驶室仪表板读数</td><td colspan="6">工作时间为:747.4h</td></tr>
<tr><td>故障排查(包含数据测量)</td><td colspan="6">1. 将动臂提升一定高度,再将动臂操纵手柄停放在中位,此时观察动臂是否下沉。如下沉,检查动臂操纵阀杆此时是否在中位,如不在中位,调整推拉软轴(照片 4);如在中位,检查动臂下沉量是否在规定范围内(照片 5)(动臂下沉量为:15mm/5min)。如不在中位,检查动臂油缸内泄;
2. 油缸内泄检查:将整机停放在平整地面,动臂放至最低点。此时将油缸有异响并且油缸表面温度较高的油缸大腔油管拆卸下来(照片 6)。此时操纵动臂阀杆,使动臂下沉,观察拆下油管的动臂大腔是否有液压油流出,如有油流出说明该油缸内泄;否则油缸正常。实际观察该油缸有油流出,说明该油缸内泄。照片 8、照片 9 为油缸内部损坏情况</td></tr>
<tr><td colspan="8">故障原因与判断:通过以上排查,可以判定动臂下沉是因为油缸内泄造成</td></tr>
<tr><td colspan="8">现场维修(维修完成的数据测量结果数据):进一步拆解该油缸发现,油缸活塞上密封圈损坏,并且钢筒内壁已有拉伤痕迹。更换损坏件后进行修复</td></tr>
<tr><td>案例心得</td><td colspan="7"></td></tr>
<tr><td>编写人</td><td colspan="3"></td><td colspan="2">日期</td><td colspan="2">2009-12-23</td></tr>
</table>

照片 1

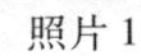

照片 2

照片 3

续上表

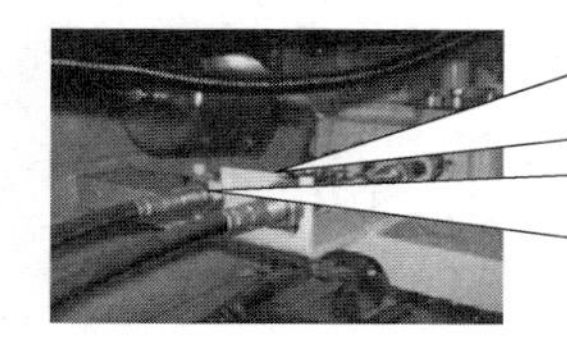

照片 4

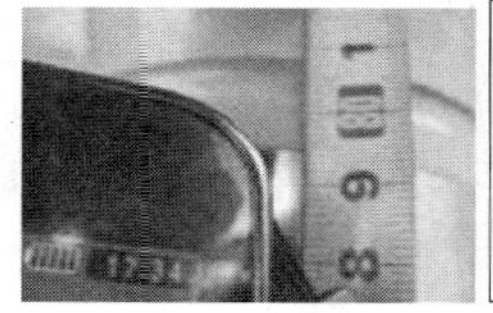

照片 5

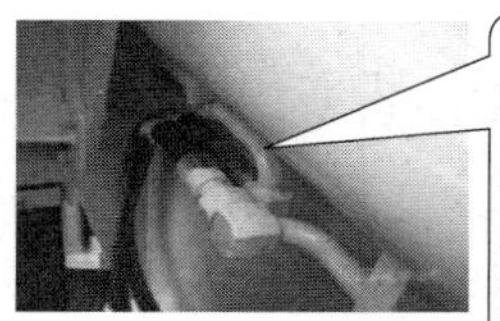

照片 6

照片 7

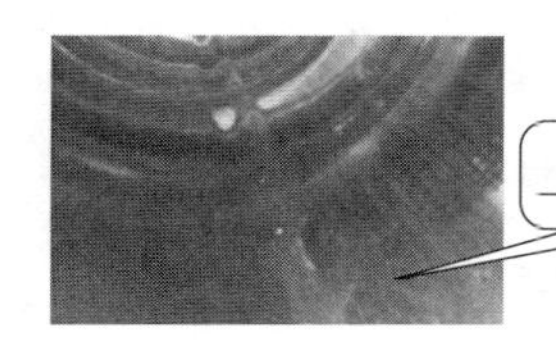

照片 8

参考文献

[1]《全国特种作业人员安全技术培训考核统编教材》编委会. 装载机操作技术[M]. 北京:气象出版社,2007.
[2] 王文兴. 装载机日常使用与维护[M]. 北京:机械工业出版社,2010.
[3] 李波. 装载机操作工培训教程[M]. 北京:化学工业出版社,2015.
[4] 李宏. 装载机操作工培训教程[M]. 北京:化学工业出版社,2008.
[5] 王秀林. 装载机结构与使用技术[M]. 北京:人民交通出版社,2014.
[6] 张育益,张小锋. 现代装载机构造与使用维修[M]. 北京:化学工业出版社,2015.
[7] 沈贤良. 装载机操作与故障检排[M]. 北京:金盾出版社,2010.
[8] 罗映. 装载机构造与维修手册[M]. 北京:化学工业出版社,2014.
[9] 李波. 装载机驾驶操作技能培训教程[M]. 北京:机械工业出版社,2015.
[10] 刘良臣. 装载机维修图解手册[M]. 江苏:江苏科学技术出版社,2007.
[11] 高梦熊. 地下装载机[M]. 北京:冶金工业出版社,2011.